心理学与吸引力法则

Psychology and the Law of Attraction

竹凯◎编著

中国纺织出版社

内 容 提 要

一个成功的人，身上总是有像光环一样的东西，吸引人们靠近他、关注他，甚至潜移默化地受到他的影响，这就是“吸引力”。人们虽然无法看到吸引力的存在，却能够真实感受到它对生活的巨大影响。

本书以心理学知识为基础，从心理学中的各种现象出发，结合现实生活，阐释吸引力的奇妙作用以及如何有效提升自己的吸引力，创造美好的人生。

图书在版编目（CIP）数据

心理学与吸引力法则 / 竹凯编著 . —北京：中国纺织出版社，2017.5（2024.11 重印）

ISBN 978-7-5180-3298-3

Ⅰ. ①心… Ⅱ. ①竹… Ⅲ. ①成功心理—通俗读物 Ⅳ. ① B848.4-49

中国版本图书馆 CIP 数据核字（2017）第 025449 号

责任编辑：闫 星　　责任校对：高 涵　　责任印制：储志伟

中国纺织出版社出版发行

地址：北京市朝阳区百子湾东里 A407 号楼　邮政编码：100124

销售电话：010—67004422　传真：010—87155801

http: //www.c-textilep. com

E-mail: faxing@c-textilep. com

中国纺织出版社天猫旗舰店

官方微博 http: //weibo.com/2119887771

鸿鹄（唐山）印务有限公司印刷　各地新华书店经销

2017 年 5 月第 1 版　2024 年 11 月第 5 次印刷

开本：710 × 1000　1/16　印张：17

字数：190 千字　定价：59.80 元

前言

曾经年幼的你，懵懂地看着这个世界。一切都那么新奇，鲜嫩的小草从冰冻的土地中探出脑袋，鲜艳的蝴蝶扇动翅膀，无意间飞过花丛，来到你的鼻翼；路边有很多奇形怪状的小石头，或光滑如镜，或呈蜂窝状——在你稚嫩的眼中，这一切都是一个个小小的世界，真所谓一花一世界。你总是瞪着好奇的大眼睛，不管是在妈妈怀中的小婴儿，还是蹒跚学步的小孩子，你始终满怀惊讶地看着这个世界。直到步入学校，开始学习，你依然惊喜地在知识的海洋里遨游，不断地充实自己。

你不知道为何你的枕头下会真的出现圣诞老人送来的礼物，你不知道掉落的牙齿为什么会再次长出来，你也不知道世界上是否有真的魔毯，能够带你飞遍世界。直到有一天，你真的梦到了魔毯，在一瞬间就到了你想去的地方。你高兴极了，甚至在睡梦中笑出声来，恨不得长睡不醒，与魔毯永远相伴。殊不知，在你第一次从童话书中知道魔毯的那一刻，魔毯就住进了你的心里。你强烈的意念，让你在心理的暗示下，偷偷地创造了一块魔毯。从此以后，你真的拥有了魔毯——心里的魔毯。

从步入社会的那一刻开始，你需要的更多。你想成为同事之中的佼佼者，拥有很高的学历，拥有美好的生活，还想获得梦想中的成功……你很努力，然而命运弄人，你总是不能如愿。眼看着身边的人一个个都出人头地，你很着急。你不知道自己为什么失去了魔力，你还想回到童年的梦里。其实，你曾经深信不疑的魔力是真的，只是因为你的眼睛被世俗的尘埃蒙蔽，所以你才失去魔力。如果你再次拥有纯粹的心灵和强烈的意念，你就依然是你，是坚不可摧的你，是无往不胜的你，是心想事成的你。这就是吸引力的强大作用。

你相信吗？你在生活中所拥有的一切，都是你吸引过来的。你拥有好成绩，你拥有好身材，你找到了好工作，还拥有了幸福的婚姻生活和可爱的孩子……你比所有人都更幸福，因为你有强大的吸引力。吸引力简直太神奇了，就像是我们年幼时从童话书中看到的魔法。没错，魔法来到现实生活中，就是无所不能的吸引力。当然，吸引力必须辩证唯物地看。如果你现在始终坐在家里，整日游手好闲，那么即使你想破了脑袋，也依然一无所有。当你拥有强烈的意念，再激励自己不懈地努力，朝着梦想奔跑，那么你离成功的日子也就不远了。

生活，总是充满泥泞和坎坷。没有谁的人生是一帆风顺的，如果你能做到更坚强，更积极，更达观，你的命运也就会随之改变。改变命运，拥有吸引力，就从此刻开始吧！

编著者

目录

第01章

心理学有很神奇的能量：让你心想事成的神秘吸引力

对于吸引力法则，相信很多人还会觉得很陌生。生活，就是不断接受新鲜事物的过程，但是吸引力法则早在很久之前就已经光顾人类的生活。例如，古印度人在神通学中，曾经提到与吸引力法则相关的理论。而吸引力法则正式作为概念提出，则是在一百多年前。这一章，就让我们一起来了解吸引力法则的神奇吧！

什么是吸引力法则

在漫长的历史进程中，为什么宇宙始终保持着规律性的运转？整个宇宙，数不清的星球，包括太阳在内，个个安守本分，和平共处，循着自己的轨道运行；地球，也在几十亿年的时间里，始终保持着正常的运转状态，从未有任何改变。这都是因为有一种能量的存在，吸引着万事万物，也让我们的生活能够始终不脱离轨道。这种伟大的能量是什么呢？这就是吸引力。

数年前，古老的印度人信奉的神通学中，就曾经数次提到吸引力法则的概念。吸引力法则作为术语正式被提出来，仅仅是在一百多年前。赫莲娜·布拉瓦茨于1877年发表著作《揭开伊西斯的面纱》，在这本书里，“吸引力法则”第一次作为专业术语出现。这本书是和神秘密教有关的，引起了巨大反响。《纽约时报》于1879年4月6日刊登了一篇和科罗拉多州淘金热有关的财富文章，这篇文章里同样提到了“吸引力法则”。在此之前，“吸引力法则”从未在大型的报刊媒体上出现过，更未被大多数人所知晓。直到1906年，威廉姆·沃尔特·阿特金森出版了著作《思维波动或思维世界的吸引力法则》，并且在这本书中正式介绍了“吸引力法则”。他是“新思维”的杂志编辑，这本书也是关于“新思维”的书籍。这就是吸引力法则走入公众视野的历程。

现代量子力学已经向世人证实，世界上存在的任何物体都是由能量组成的。从本质上来说，能量是一种振动频率。当然，万事万物的不同，决定了每种事物的振动频率也是不同的。正因为如此，所以不同的事物才表现出不同的样子。在量子力学的主张中，任何事物，不管是形而上的思想、精神、感情等，还是形而下的雕像、高楼大厦、桌椅板凳等，这些之所以存在，都是因为不同振动频率的能量。例如，当你在回音壁这头呼喊时，没过多久，回音壁那头就会传来回音，甚至回音还会接连不断，产生共鸣。这就是能量的传递。当某些物体频率相同时，它们之间会引起共振，还会彼此吸引，产生共鸣。从形而上的角度来说，我们的思想感情、精神意念，也是拥有能量的。例如，我们的脑电波就是有频率的，它们还会在其他相同频率的物体上引起共鸣。从这个角度来说，人类的大脑是世界上磁性最强的“磁铁”，能够产生最强大的吸引力，甚至召唤宇宙，能够吸引全宇宙中与我们的脑电波频率相同的存在物。由此一来，我们岂不成了超级磁石。从这个观点出发，支持这个观点的人们认为，人类拥有的一切都是靠自身吸引过来的。因此，心理学家结合这个观点，提出我们应该经常憧憬自己所期望的生活，这样生活终将会变成我们所想象的样子。这就是所谓的吸引力法则。从心理学的角度来说：不管我们的所有精神或者能量集中在哪个方面，无论消极还是积极，我们都在吸引着相应的存在物，最终它们会在不知不觉间变成我们生活的一部分。因此，我们应该变得积极乐观，这样才能吸引好的存在物，远离坏的存在物。这么说虽然有些唯心，但是生活的确会受到我们主观的影响，这一点毋庸置疑。

举个最简单的例子，蝙蝠的眼睛已经退化，失去了视力，蝙蝠是用超声波来探路的。我们的脑电波也是这样。我们在进行思维活动时，也和蝙蝠探路时一样会产生特定的频率，这就是脑电波，从而使那些与我们的脑电波频率相同的事物产生共振，最终把我们所思所想的那些存在物吸引过来，出现在我们眼前。从这个出发点来考虑，为了使我们的生活中充满美好的事物，我们当然要消除消极的想法，不管遇到什么事情，都努力朝着好的方面去思考和努力。这样，我们的生活才会变得更加积极正向，更加美好，终能让我们得偿所愿。

虽然我们现在还不能完全验证吸引力法则的科学性，但是如果把吸引力法则和心理学概念结合起来，让吸引力法则切实影响我们的生活，给我们的生活带来更多积极正向的能量，那么吸引力法则对于我们的人生就是有益的，就是值得推崇的。

磁场帮助我们成就人生

每个人都有磁场，磁场既看不见，也摸不着，但是它却是一种客观存在的巨大能量。对于每个人来说，它就像是宇宙的吸引力，让我们的人生循着轨道一路向前。那么，我们是如何形成磁场的呢？如果说身体发肤受之父母，那么磁场的生成则与我们的后天有关。每个人的脾气秉性、信仰观念、亲人朋友、喜欢吃的食物，还有欲望和气息等，都是完全不同的。这些后天的习惯，逐渐产生作用，最终帮助我们形成独特的磁场。假如一个人磁场不好，那么他就会畏畏缩缩，不管做什么事情都提不起精神，甚至像个倒霉蛋一样，处处不顺利。相反，如果一个人磁场很好，他每天都精神抖擞，心情愉悦，不管干什么事情都会顺顺利利。这就是磁场的吸引力法则。

如果细分，磁场可以分为意念场。所谓意念，顾名思义，就是我们心里的想念。很多时候，我们会有独特的感受，觉得自己想什么就来什么，相信什么，什么就灵。这其实是磁场在发挥吸引力作用。与此恰恰相反，假如我们总是悲观绝望，我们的磁场也会变成负能量的，吸收很多消极的思想和情绪，导致我们诸事不顺。在这种情况下，我们必须有意识地让自己充满正能量，发扬积极的正向思想。除了意念磁场，还有爱的磁场。爱的磁场，在整个宇宙间，是能量最强大的磁场。爱越博大，我们爱的磁场也就越博大。因此，我们说人应该有博爱的心，不但爱自己，也爱世人，更爱世界。这样的爱，能够帮助我们集聚巨大的磁场，从而帮助我们吸引更多的爱。一旦我们遇到困难，我们爱的磁场就会发出信息，让所有有爱的人都感受到我们的呼唤，来帮助我们渡过难关。通常情况下，我们和陌生人之间爱的磁场感应能力较弱。细心的人会发现，相爱的人，爱的磁场感应能力特别强。尤其是双胞胎，即使隔着千山万水，当其中一个受到伤害，另外一个也会马上感知到。相爱的恋人之间，如果对方遇到危险，另外一方就会感到心神不宁。这就是我们平常所说的爱人之间的心灵感应。从吸引力的角度来解释，就是爱的磁场在发出讯号。通常，我们以为爱是一种虚无的存在，是形而上的。在这里，我们要说爱是一种物质，是一种能量巨大的磁场。

这个周末，娜娜百无聊赖。她一个人待在家里，看了个电影，喝了杯茶。突然之间，她想起了久未联系的莉莉。几年前，娜娜和莉莉几乎形影不离，每天都腻在一起。后来，莉莉出国了，和娜娜的联系也越来越少了。然而，这并不影响她们之间的情谊，记得去年春节，她们一年多没见面，见面依然像之前天天在一起一样，非常熟悉和亲密。正在娜娜笑着回忆过往的事情时，突然家里的电话响了。娜娜拿起电话，听筒里传来熟悉的声音，娜娜简直惊讶极了，她大喊道："天哪，莉莉，真的是你吗？你知道吗，此时此刻，我正坐在这里想咱们以前在一起的时光呢，咱们可真是心有灵犀啊！"莉莉笑着说："这不是心有灵犀，这是我接收到了你爱的讯号。你不知道，我正在忙碌地工作着，突然就无法集中精神，我觉得我必须给你打个电话。"就这样，两个好朋友谈笑风生，足足聊了一个小时才挂断电话。

这样的情况在生活中经常发生。很多时候，我们看似漫不经心地在想一个人，突然就想起了敲门声，就想起了电话铃声，恰恰是对方来到了我们的眼前，或者心有灵犀地打来了电话。这样的感觉太好了，让我们都不忍心相信这是真的。尤其是在彼此相爱、感情深厚的人之间，这种灵异的情况更容易发生，这就是爱的磁场的力量！

心理课堂

人的确是有磁场的，这个磁场就是我们的能量场。它没有正极和负极之分，却有正能量和负能量之分。这种能量，来自于我们的灵魂。我们只有净化心灵，让自己变得更加纯粹，才能净化自身，也净化自己的磁场，从而吸引更多和我们一样纯净的人。磁场是否相互吸引，决定了我们和另外一个人的眼缘，也决定了我们人生的走向。我们应该如何调整磁场，才能心想事成地成就人生呢？

1.调整心态，积极正向，充满正能量。既然吸引力法则主张很多存在物都是被我们的磁场吸引过来的，那么我们当然要拥有正能量。这样才能吸引好的存在物，帮助我们的人生更加顺遂。

2.让自己成为一个纯净的人，吸引更多的纯净之人，拥有好人缘。日常生活中，我们总是说和一个人是否投缘，现在看来，投缘的人之间磁场一定相互吸引，不投缘的人之间磁场一定缺乏吸引力。我们自己的磁场，决定了我们拥有什么样的朋友，也决定了我们能够吸引多少朋友。既然如此，就让我们调整好心态，吸引更多的好朋友吧！

心想事成，并非只靠运气

和“福如东海”“寿比南山”等祝福的话语一样，“心想事成”也常常被我们用来表达对他人的祝福之情。我们不但渴望自己能够心想事成，也希望身边的亲人朋友能够心想事成，顺遂如意。然而，我们往往只将其作为一种祝福，而完全没想到只要我们真的去想，事情就很有可能变成现实。事实是，只要你愿意努力去想，你果真能够拥有很多自己梦寐以求的东西。当然，白日做梦是完全不可取的。在想的同时，我们还会受到心理暗示的影响，为此而不懈地努力。只有这样，我们才会把想与做结合起来，从而更快速地实现梦想。你可以想要拥有任何东西，诸如健康、快乐、梦想，等等，还可以梦想拥有名利和财富、爱情和亲情。总而言之，任何能够使你感到快乐的东西，你都可以梦想拥有。这多么诱人啊，只要想要，我们就可以得到。心想事成，不再是海市蜃楼，而是切实可以触摸到的幸福。用吸引力法则来概括，这种现象就是——心想事成。

爱民今年30岁。所谓三十而立，他去年从台湾来到上海，和朋友合伙开了一家电子商务网站。在来上海之前，爱民曾经非常担心。他知道内地是非常讲究人情的，尤其是像他这样只身一人从台湾来到上海打拼，必须打好人情牌。然而，他滴酒不沾，一旦沾酒，哪怕只喝一口，也会不省人事。看到爱民这么担忧，女朋友送给他一本《秘密》，作为临别的礼物。女朋友还告诉他：世界上的万事万物之间都存在吸引力法则，只要你想遇到自己喜欢的客户，你就一定能把他们吸引到你的身边。就这样，爱民带着女朋友的祝福和这本《秘密》，独自一人来到陌生的上海。

他的心中始终怀着美好的愿景，相信自己会遇到可爱的同事和通情达理的客户。经过一年多的打拼，爱民的事业发展得风生水起，顺遂如意。如今，他已经稳稳当当地坐在公司的头把交椅上，也把女朋友接到上海来一起生活。他不但自己坚信吸引力法则，还把这个积极正向的能量传递给全公司的人。现在，每天清晨的晨会上，爱民都会带领公司的全体成员告诉自己："我相信，我一定能够实现自己的梦想，拥有自己想要的一切。"

从吸引力法则的角度来说，这叫吸引。当我们帮助自己拥有积极正向的磁场，我们就能把自己想要的吸引过来，进而得到。从心理学的角度来说，这叫强烈的自我暗示。在这样的自我暗示下，我们能够更好地鼓舞自己，努力实现美好的梦想，从而使整个人都变得精神抖擞，斗志昂扬。由此可见，心想事成并非仅仅依靠运气，更多的是自我激励、自我坚持以及坚强的信念。

人到中年的张莽被医生确诊为肝硬化，并且下了最后通知：最多活三四年。得到最后的宣判之后，他没有一蹶不振，没有绝望放弃，而是选择活一天赚一天。他没有因为身体状况每况愈下而选择躺在家里，而是坚持动起来。与前妻离婚好几年始终单身的他，不但找到了新工作，还组建了新的家庭。如今的他，每天都很快乐，被损坏的肝细胞虽然没有完全康复，但是也没有进一步恶化。他与肝病共生，始终保持着积极乐观的生活态度。心理治疗师弗雷德里克·方捷曾经说过，“乐观是思维方式，也是实实在在的行动。”张莽以他的亲身经历告诉我们，他不但以乐观战胜了疾病，也以乐观延续了自己的生命。如今，距离医生宣判他只能再活三四年已经足足过去了八年，他依然活着。这和很多癌症病人原本看似和健康人无异，却在得知自己得了癌症的一瞬间精神轰然倒塌，马上就卧床不起，恰恰是佐证的关系。实际上，有些学者说得对，很多癌症病人都是被吓死的。从吸引力的角度来说，他们在得知自己身患癌症后，马上变得悲观绝望，对生活失去信心，因而导致浑身充满负能量，也吸引了不好的疾病和厄运。相反，很多癌症病人之所以能够奇迹般地康复，是因为他们一直积极向上，充满快乐。所以，他们才能吸引健康、幸福。

寇非是专门研究“激励理论”的，他曾经指出，90%以上的人在遇到坎坷时，都会选择攻击、退化、压抑、退却、固执等反应，只有不到10%的人选择积极面对，寻找办法解决问题。由此可见，人群之中很少有人会选择积极思考。也正因为如此，人们习惯了消沉沮丧，很少有人能够主动寻找快乐，积极解决问题，战胜磨难。原来，这就是吸引力法则大行其道的原因。它恰恰符合我们内心的渴望，帮助我们战胜人性的弱点。

心理课堂

所谓吸引力法则，并非是说我们可以毫无忌惮地胡思乱想，然后就等着天上掉馅饼，让命运帮助我们实现一个又一个梦想。要想吸引力法则真正起到积极的作用，我们首先应该是积极乐观的，能够在想之后做出切实行动，帮助自己的梦想插上翅膀。

1.吸引力法则，并非教导我们不劳而获。不管我们多么努力地去想，要想把梦想变成现实，要想有所收获，还必须付出切实的行动，这样才能让我们离成功更近一步。

2.人们已经习惯了悲观失望，从现在开始，应该改变思维模式，帮助自己形成正向的积极思维，这样才能顺利战胜坎坷和挫折，从而帮助自己更好地创造未来。

3.心想事成，不管你的磁场多么强大，都离不开自身的努力。只有想到、做到、努力到，你才能真的心想事成。

潜意识是个魔术师

弗洛伊德把人类的意识分为无意识、前意识和意识三个部分。在心理活动过程中，无意识、前意识和意识虽然是心理状态的不同层次，但是它们是彼此联系、不可分割的整体。

为了帮助人们准确认识这三者之间的关系，弗洛伊德对此进行了形象生动的描述：无意识就像是门厅，人们在进入这个房子之前必须挤在门厅里换鞋更衣。接下来，人们进入客厅。客厅就是前意识，这里是与门厅相连的。当然，有个守卫守在门厅和客厅之间，它主要负责检查来客的情况，以免那些不合时宜的冲动也闯进客厅。被允许进入客厅的心理冲动，进入了前意识之中，当他们引起意识的注意，就成为意识。为此，弗洛伊德把这两种意识——一种是潜伏的能成为意识的潜意识称为前意识，还有一种是被压抑的无法通过正常渠道成为意识的潜意识仍称为无意识。现在，我们通常所说的潜意识指的是前一种，是潜藏的有可能成为意识的潜意识。它介于无意识和意识之间，起到连接的作用，有可能永远无法为我们所察觉。然而，它对于我们的生命活动的确起到了不容小觑的影响作用，它潜移默化地影响着我们的存在。如果我们能够很好地运用潜意识，有意识地提高其在我们生活和工作中的作用，那么潜意识就会发挥巨大的作用。

萨利是三个孩子的母亲，一直在自己家的农场里生活，很少出门。偶尔全家人外出旅游，萨利也总是推三阻四，因为她总是晕车，即使和家人一起出游，也无法快乐地玩耍。前段时间，萨利的大女儿要结婚了，萨利应邀去女婿家里做客，顺便商讨女儿的婚事。虽然萨利不想去，但是女儿结婚是件大事，她必须到场。因为女婿家离得很远，要驱车走七八个小时。无奈之下，女儿只好提前给萨利吃晕车药，避免萨利晕车。也许是因为心情好吧，也许是因为晕车药起了作用，萨利一路上都精神抖擞，和全家人有说有笑，根本看不出要晕车的迹象。到达目的地后，看着兴高采烈的母亲，大女儿说："妈妈，你没有晕车。"萨利高兴地说："这都是你给我的晕车药起效果了。"这时，大女儿笑着说："哪里是晕车药啊，我给你吃的是维生素。爸爸说先给你吃维生素，如果效果不好，再吃晕车药。"听了女儿的话，萨利惊讶极了，因为她真的一点儿也没晕车。

萨利之所以没有晕车，肯定不是维生素在起作用。归根结底，是她以为自己吃了晕车药，因此暗示自己不会晕车。也许，她在吃晕车药的时候在不停地想：这下好了，我吃晕车药了，不会再晕车了。这实际上是萨利的潜意识在起作用。由此不难看出，潜意识就像是个魔术师，拥有神奇的魔力。

民间有句俗话，日有所思，夜有所梦。很多人都曾有过这样神奇的体验，即我们白天想到了远行的人，或者逝去的人，还有身边的朋友，那么在睡梦中就会与这些人重逢。这其实是白天的思考进入了我们的潜意识，所以我们才得以在梦里与其相聚。很多人在思念逝者时，神思恍惚，整个人都进入了潜意识，有时还会惊讶地看到逝者出现在自己眼前。这些人因为忧思深重，俨然已经把潜意识和意识完全搞混了。

心理课堂

要想更好地利用潜意识，发挥潜意识的巨大魔力，使其对我们的工作和生活都起到一定的作用，我们就应该更加深入地了解潜意识，钻研潜意识，从而更好地控制潜意识，这样才能使其为我所用。

1.记忆，是潜意识的材料库。要想让我们的潜意识发挥更大的作用，就必须积累更多的材料，让其储备丰富。例如，我们可以多多看书，经常留心生活中的事情，让我们的大脑成为储备丰富的宝库。

2.控制潜意识，让其引导我们走向成功。潜意识要想发挥积极的作用，我们就必须拥有积极的心态，让自己变得更加正向。反之，消极心态就会影响我们，使我们不知不觉间变得沮丧绝望，因而永远与成功失之交臂。

3.让潜意识在我们休息时继续工作，给我们带来灵感。虽然我们无法清晰地感知潜意识，但是潜意识始终保持着积极的思考习惯，即使在我们无知无觉的情况下，也依然在不知疲倦地工作。很多人都曾经有过这样的体验：很多苦思冥想也不得其解的问题，在睡梦中甚至在洗澡的时候，突然间脑洞大开，灵光一闪，就茅塞顿开了。这实际上就是潜意识在工作。

4.潜意识的最大作用，就体现在自我暗示上。很多人总是抱着悲观的想法，一旦遇到困难第一时间就想到放弃，根本不想绞尽脑汁地想办法解决问题。在这种情况下，只有不断地进行自我暗示，让自己变得乐观坚强，才有可能改变现状。

自信可以创造奇迹

很多时候，囚禁我们的不是牢笼，而是我们自己的心。在尝试着做一些事情时，有很多人在事情还没有开始时就会说“我不行”“我不可能做到”等诸如此类的话，最终的结果就是他们还没有努力就放弃了。这样的人，是个不折不扣的失败者，因为他们连失败的经验都没有。其实，我们与其杞人忧天，不如勇敢地去做。任何想法，如果只停留在想的阶段，都只能是空想。相反，任何想法只要付诸实践，哪怕最终遭受失败和挫折，也收获了经验，也会为未来的成功打下坚实的基础。

我们必须相信自己，只有相信自己，才能创造奇迹。面对那些成功的人，很多人都望而却步，带着敬畏的心情说：“他特别有天赋，非常人所能及。”这样的话，无非是在给自己的退缩找借口。真正的强者，在看到他人的成功时，自己也会扬起自信的风帆。他们会告诉自己：“别人能行，我也能行。”这样的人，往往能够创造奇迹。即便在坎坷和逆境之中，他们也会锲而不舍，永不放弃。

很久很久以前，有位年轻人特别勤奋好学。有一天傍晚，他拿出导师给他布置的作业，开始用心地思考。他很有天赋，从跟随这个导师以来，几乎没有任何作业能够难倒他。因此，他飞快地写着作业，很快就做到了最后一题。和以往一样，最后一题有难度。然而，和以往不同的是，他想了很长时间，也没有找到问题的答案。他觉得自己被困住了，就像进了死胡同，前面根本没有出路。然而，他很自信，他告诉自己：既然导师让我做这道题，一定是觉得我有能力找到答案。我不能让导师失望，我必须竭尽全力，解答问题。

然而，他此前从未做过这种类型的题目。他想了很久，直到东方发白，也没有想出头绪来。争强好胜的他不愿意就此认输，因而拿出厚厚的一沓草稿纸，准备边想边随手写写画画。为了知道解题的思路，他还特意采取了各种思维方式。终于，在太阳出来时，他找到了解题办法。他很快就把解题过程整理出来，整整写了好几页纸。当他把作业交给导师时，导师拿着作业的手激动得瑟瑟发抖。导师问："这道题目是你一个人解答出来的吗？"他漫不经心地说："是啊，老师，这道题很难，我足足想了一个晚上。"导师亢奋地说："你可真是个天才啊，你把阿基米德、牛顿等大师没有做出来的题目，解出来了。我一直都想解这道题，却从未找到头绪。你太伟大了！"其实，如果老师早些把这道题目的背景说出来，也许他就解不开这道题了。他只是把它当成是一道普通的作业题，所以才花费了整晚的时间做完作业。

后来，他成了德国伟大的科学家，不但精通数学、物理，也在天文学和大地测量方面做出了巨大的贡献。他就是约翰·卡尔·弗里德里希·高斯。直到暮年，高斯在想起曾经的这道数学题时，依然感慨万千：幸好导师没提前告诉我那道数学题两千多年来始终悬而未解，不然我哪怕耗费十年也找不到答案。

对于导师布置的一次平平常常的作业，高斯当然有信心把它解答出来。那么，如果面对一道两千多年来始终悬而未解的难题呢？他还有那么自信吗？！答案是否定的。这也从另一个方面向我们证实，只有相信自己，才能创造奇迹。

心理课堂

1.每个人最缺乏的都是自信。只有自信的人，才能更加坦然地面对人生。如果不是自信能够完成导师的作业，高斯也不会仅仅用一个晚上的时间，就解出了两千多年的难题。

2.心理暗示的作用非常重要，不管什么时候，我们都应该给予自己积极的心理暗示，这样才能更好地完成任务，进而成就自己。

3.很多奇迹都是在不知不觉中创造出来的，这是因为只有在心理状态放松的情况下，我们才最自信，也才能发挥出最强大的能量。

相信，你就会拥有

每个人的心中都有着奢望，我们希望自己拥有美好的未来，希望自己拥有更多的金钱、名望和物质，还奢望自己有刻骨铭心的爱情。这一切，都是我们的欲望。每个人都在欲望里起起伏伏，实现欲望的叫成功，被欲望打败的叫沉沦。为什么人的命运会有着截然不同的结局？为什么原本都是一穷二白的人会命运迥异？这一切都是因为信念。

你相信自己一定会拥有什么，你就会拥有什么。归根结底，并非你想要的飘到你身边，而是因为你的心坚定不移，因而你也能够破釜沉舟地一搏，从而实现自己的梦想。因此，要想改变命运，我们首先要从改变心态开始。如果你抱怨自己贫穷，你会越来越贫穷；如果你相信自己很富有，你就会越来越富有。人们曾经常说，心改变，世界随之改变，说的就是这个道理。从现在开始，相信自己吧，相信你一定能够拥有全世界，你的命运就会与众不同。

曾经有个出租车司机，每天都在抱怨自己的生活。他抱怨常常拉不到客人，每天挣的钱还不够上缴出租车公司的；抱怨乘客素质低下，总是把车子里弄得乱七八糟，不堪入目；抱怨拥堵的道路，让他明明可以多拉几趟客人，却不得不堵在路上，膀胱都快憋炸了。这样的日子，让他几乎对生活失去了信心，也对自己的人生感到绝望。无意间，他看到一篇文章，文章的题目就叫《相信，就能拥有》。他茅塞顿开，意识到自己的抱怨只会让生活更不如意。他决定改变，他把车子打扫得干干净净，修好了车子里的空调，还把自己也收拾得利利索索，精神帅气。每当有客人坐进车子里，他还会问对方听什么音乐，喝咖啡还是冰镇的果汁。他就像春风一般，让乘车的客人感到温暖舒适。有一位客人在享受这种独特的服务后，很惊讶地问："你是什么时候开始这么做的？"他友好地说："从我突然想明白如何生活开始。抱怨并不能改变什么，我必须相信，才能拥有一切。”这位乘客下车时，和出租车司机互相留了电话。

没过几天，乘客再次光顾出租车司机的生意，并且问：“我的公司正好缺少一个行政主管，如果你愿意，我想你会很好地代表我们公司的形象，让每一个光顾的人都感受到宾至如归的温暖。当然，年薪会比你现在的工作高很多，但是没有机会看到这么多形形色色的人。”出租车司机高兴地同意了，他说：“我相信，我会干得很好！”

心若改变，一切随之改变，这句话真的非常有道理。如果出租车司机继续抱怨，对于每个乘客都不耐烦地口出恶言，那么他就不会有这样的机会，进入大公司当行政主管。恰恰是他改变的心态，是他的相信，让他拥有了想要的一切。也正因为如此，他才怀着感恩的心情遇到了生命中的贵人，让自己的命运出现了转机。

你相信自己能够得到快乐，你就一定会快乐。这样的改变，一刻都不要耽误，应该从当下就开始。你相信自己能够得到健康，你就一定会变得更加健康。很多癌症晚期患者，正是因为放空自己，才能重新赢得生机。你相信自己宽容，你就真的会变得宽容，宽容让你不再纠结于自己的内心，也宽恕了他人。

心理课堂

相信，就能拥有。不管是健康快乐，还是幸福美满，只要你怀着一颗真诚的心，坚定不移地相信，你的心态就会随之改变，你的世界也会随之改变。生活中，很多人之所以生活得不好，就是因为他们总是郁郁寡欢，好像整个世界都欠着他们一大笔人情。实际上，这样的心态恰恰伤害的是自己。就像是一间屋子，你希望它充满阳光，还是充满黑暗？你的心就是屋子里的那盏灯，决定了整间屋子的亮度。从现在开始，改变自己吧，相信自己吧，除此之外，你再无可信！只有相信，才能拥有；只有相信，才能改变！

拥有一颗感恩的心

“我来自偶然，像一颗尘土，有谁看出我的脆弱；我来自何方，我情归何处，谁在下一刻呼唤我？天地虽宽，这条路却难走，我看遍这人间坎坷辛苦。我还有多少爱，我还有多少泪，要苍天知道我不认输！感恩的心，感谢有你，伴我一生，让我有勇气做我自己；感恩的心，感谢命运，花开花落我一样会珍惜！”这熟悉的歌声和旋律，让我们想起那柔韧而又不失坚强的手语。来到人世间走一遭，每个人都有自己的快乐和痛苦，每个人都有独属自己的命运，也有自己的坎坷崎岖路。如果我们一味地抱怨，那么每个人都有理由怨天尤人，因为生活十有八九不如意，那小小的如意只能带给我们短暂的快乐。然而，这样的状态却不是我们想要的。要想找回快乐，就先要拥有一颗感恩的心。我们不但感谢生命中的花开花落，感谢那些在我们遇到困难时慷慨帮助我们的人，也感谢生命中的风霜雨雪，感谢那些曾经伤害过我们，让我们涕泪横流的人。生命，归根结底是一个圆，我们走着走着，发现又回到了原点。既然开始和结束都同样凄凉悲壮，为何不把过程活得精彩一些呢？不管我们曾经遇到谁，都是缘分使然。缘聚缘散，他都终究陪伴我们走过了一程。感谢，是藏在心间不曾说出的话语。

感恩的心，能够帮助我们消除心底的戾气，变得更加平和。心境的淡然，是每个人都不懈追求的。只有做到内心平静，我们才能更加专注地享受生活。一个懂得感恩的人，必然是一个热爱生活的人，是一个极少抱怨的人，也是一个切合时宜的人。一个懂得感恩的人，不会被别人所抛弃，因为他的每一次感恩，都让人感受到发自心底的温暖。从吸引力的角度出发，懂得感恩的人必然拥有很多好朋友，他们也同样拥有感恩之心。试想，那么多好朋友在一起，从不彼此抱怨，而是竭尽所能地帮助对方，这是多么的其乐融融啊！尤其是在现代社会，人情日益冷漠，如果能够拥有感恩的心和感恩的朋友，该是多么大的幸运啊！

麦琪是个很辛苦的妈妈。她独自一个人抚养孩子，还要努力工作，挣钱给孩子改善生活条件，几乎每天都在狂奔着度过。她每天都起床很早，赶在上班之前把孩子送到幼儿园。她每天中午都不午休，紧赶慢赶地把工作干完，只为了下午能早一些去幼儿园接孩子。虽然生活如此艰难，麦琪却始终心怀感恩。曾经有几次加班，麦琪都把孩子送到邻居家里照看。麦琪的邻居是一对年老的夫妇，他们的儿女都在外地工作，因此家里只有他们两个人，平日里很清闲。尽管他们很喜欢孩子，总是对麦琪说有事就把孩子送给他们，他们也可以解解闷，享受天伦之乐，但是麦琪依然很不好意思。有一天下午，麦琪难得在家休息，特意做了蔓越莓饼干和松仁巧克力，送给邻居夫妇。麦琪真诚地说："很感谢你们，一直以来帮我照顾孩子，这给我解决了很大的难题。谢谢你们！"老夫妇很喜欢麦琪的礼物，还当即把麦琪介绍给过来看望他们的儿子认识。

几年之后，麦琪失去工作，不得不开始再找工作。她年纪大了，很多岗位都限制年龄。好不容易，麦琪才找到一个不要求年龄的工作岗位，当即赶过去面试。意外的是，负责面试的考官就是邻居的儿子。虽然岁月变迁，他们彼此好不容易才认出来，但是邻居的儿子马上就想起来："你做的蔓越莓饼干和松仁巧克力很好吃！爸爸妈妈当时没舍得吃，把吃剩下的都给我带走了！"曾经这样的交集，让麦琪顺利通过面试，获得了新工作。当然，邻居的儿子还说："让我印象最深的是，你做的甜点配料十足，完全不像是为了感谢他人敷衍了事，从那些甜点里，我品味到了你的感恩之心。"后来，麦琪一直在这家公司工作，因为她和她的上司相处得非常愉快！

虽然麦琪是为了感谢邻居才做了甜点，但是她的甜点完全看不出是送给他人享用的，用料十足，能够看出她真诚的谢意。正是因为麦琪的感恩之心，邻居的儿子才在再次与麦琪见面时一眼就认出了她，知道她就是那个心怀感恩的妈妈。这也为麦琪的新工作做了铺垫，在和谐的工作环境中，麦琪一定会更加快乐。

这就是吸引力法则。麦琪是那么心怀感恩，因此她吸引到的朋友，也都是心怀感恩之人。作为邻居经常帮助麦琪看护孩子，但是当麦琪给予他们礼物表达感谢，他们也还是心怀感恩。两个心怀感恩的人在一起，彼此感谢，总比两个始终觉得自己吃亏的人在一起更好相处吧！你是什么样的人，你就会吸引什么样的人到自己的身边，这是由你的磁场决定的。从现在开始，让我们也心怀感恩吧！

心理课堂

有些人在接受他人的好心帮助后，总是转眼就抛之脑后，根本记不起应该感激他人的无私帮助。很多时候，他们还会说“他帮我也就是举手之劳”，因此就不对他人表示感谢。这是完全错误的。不管别人帮你付出了多少，只要切实帮助到你，你就应该真心感谢。否则，对你施以帮助的人下次还怎么会乐意帮助你呢！感恩，感谢，让人与人之间的感情纽带更加坚韧，也让人们的友谊之树更加长青。

古人云，“滴水之恩，当以涌泉相报”。这句话就是告诫我们，即使别人帮了我们小小的忙，我们也应该真心实意地感谢他人，至少做到投桃报李。人与人之间，正是因为有了付出和回报，关系才越来越亲密，感情才越来越深厚。

意念是吸引力的先驱

所谓意念，其实就是人们的意识经过强化之后变成信念的一种精神状态。在这种精神状态下，人们能够对自己的意识产生很强的控制力，从而具有超强的自制能力，也能完全地集中精神，不会被外界所打扰。

很多人打坐时，就是集中意念放空自己的时候。曾经在影视剧中，我们看到有些人能够把意念转化为动力，控制物体。当然，在今天，人们还不能做到用意念移动物体。然而，人们已经可以用意念控制自己的精神，甚至改变自己的命运轨迹。

那么，意念是如何产生的呢？《简易经》记载："德化情，情生意，意恒动。""意恒动，识中择念，动机出矣。"。这句话的意思是说，人的品德产生感情，感情产生意识，意识不断强化，不停运行，最终由小变大，成为意念。如果把意念作为动机，人们就会以此控制自己的行为，将其付诸行动，进而改变人生。尤其是当意念强烈时，人们自身也会产生强烈的磁场，从而吸引更多共同频率的存在物，改变自身的命运轨迹，这就是意念的力量。从这个角度来说，意念是吸引力的先驱，能够帮助人们形成超强的吸引力。纵观历史长河中，那些一呼百应的将领或者首领，大多数都是意念很强的人。他们不但对于自己有着强烈的意念，对于外界也表现出超强的吸引力，最终让能人志士主动环绕在他们身边，辅佐他们成就事业。

富弼，是北宋时期洛阳人。他自幼家贫，非常穷苦。为此，他很小的时候就开始发奋读书，不但学识渊博，而且气度宽宏，待人宽容。从26岁那年开始，他入朝为官。后来，他一生之中始终恪尽职守，不管是处理对内的国务，还是处理对外的外交，他都表现卓著。为此，当朝皇帝非常赏识他，给他加官晋爵。也因为他非常宽容，对于那些前来拜见他的百姓和高官，无论地位卑贱还是富贵，一律以礼相待，真诚相见，因此，他也在百姓之间博得了很好的声誉。为官四十多年，富弼才于古稀之年辞官，回到洛阳隐居，安享晚年。有一次，他乘轿外出时，被百姓认了出来。当时，很多百姓都在集市上买卖东西，听说富弼在附近，全都一哄而上，围到他的身边。转眼之间，原本熙熙攘攘的集市空空荡荡，由此可见百姓是多么爱戴富弼。为此，司马光称赞富弼："三世辅臣，德高望重"。对于富弼而言，这样的赞誉是实至名归。

在富弼为官四十多年间，他不但对得起朝廷的期待和皇帝的重任，也没有辜负百姓们的爱戴。归根结底，这是因为他有超强的意志，从而形成了强大的吸引力。这样一来，人们才会心甘情愿地聚集在他身边，这就是吸引力的神奇所在。

由此可见，要想拥有吸引力，必须先形成强大的意念。意念具有巨大的作用力，能够帮助我们形成强大的磁场，最终形成超强的吸引力。大凡那些伟大的人，他们身边都有着超强的吸引力。认识到这个道理，我们就更应该努力形成自己的磁场，这样才能得偿所愿。

心理课堂

曾经有名工人在检修电线的线路时，不小心碰到了一根电线，当即触电而死。他的一切死亡表现都证实，他的确是触电而死。然而，人们后来才发现，那根电线当时根本就没有电。这说明，这名工人死于他的意念。他以为电线有电，因此产生强烈的心理反应，最终导致肾上腺素急剧增加，造成死亡。和他的离奇而死不同，在中国古代，很多得道高僧都会选择圆寂的时机。实际上，这也是用意念控制死亡的方式。这些高僧在选择好时间之后，会坐化。他们的意念离开肉体，肉体死亡，灵魂则得道升天。

人的意念居然能够强大到控制生死，那么只要控制好意念，人们就会变得更加强大，也会成为自己真正的主人，在坎坷和逆境中掌握自己的命运。

第02章

掌握和运用吸引力法则：是创造梦想人生的关键

现代职场，竞争越来越激烈。在这个人才辈出的时代，职场上从来不缺乏工作能力强的员工，他们不但能力很强，而且不管和同事相处，还是对待客户，都非常敏锐，也总能做得恰到好处。他们仿佛是一个大大的磁场，把身边的每个人都牢牢地吸引住。看到这样的人，你心里是否觉得非常羡慕，希望自己也能像他们那样，在职业生涯中游刃有余，处处受人欢迎。实际上，他们之所以与众不同，就是因为他们有着很强的吸引力。要知道，吸引力不仅能够帮助他们拥有好人缘，也能帮助他们更加轻松地实现梦想，成就人生。

善于合作的人，拥有更强大的气场

很多人都看过三个小和尚的故事。刚开始，一个小和尚独自住在寺庙里，每天都去山下挑水喝。后来，寺庙里又来了一个小和尚，两个和尚一起去山下挑水喝。等到第三个和尚来到寺庙里以后，寺庙里居然没水喝了，因为三个和尚谁也不愿意去山下挑水。就这样，三个小和尚都快渴死了。从此，民间就流传着一句话："一个和尚挑水喝，两个和尚抬水喝，三个和尚没水喝。"从这句话中，我们不难得出一个道理，合作意识对于团队是非常重要的。现代职场上，也经常重演三个小和尚的故事。在职责划分明确的部门，每个人都各司其职，主动完成本职工作。在职责划分不明确的部门，则常常有些工作无人承担，导致工作效率非常低下。因此，现代企业在招聘时，最看重的其实不是你有多高的学历，也不是你有多强的能力，而是在乎你是否拥有合作意识，能不能主动融入团队之中，勇于担当，敢于担当。

三个小和尚就是团队的缩影，他们之所以没水喝，就是因为谁也不愿意多付出一些力气去山下挑水，因此互相推诿，缺乏合作意识，最终导致无水可喝。和小和尚比起来，蚂蚁的团队意识显然强多了。不管面对多么大的庞然大物，小小的蚂蚁们都能主动团结起来，通力合作，实现目标。民间还有句话，"一根筷子被折断，十根筷子抱成团"。很多情况下，团队的力量并非是个体力量的简单相加，而是在协同作用下，成倍增长。由此可见，不合作是多么大的损失啊。在一个集体之中，当然会有那些以自我为中心，缺乏合作意识的人。然而，你不能和他们学习。要想成为团队中的核心人物，你不但应该具备超强的工作能力，而且要最大限度地发挥合作意识。当你能够响应身边的人开始团结协作时，你俨然已经成了团队里的灵魂人物。如此一来，你的气场怎么能不强大呢？要知道，一个在团队中一呼百应的人，一定有着超强的气场和过人的胆识与魄力。

张敏是一家公司的销售员，和大多数销售员一样，他最初只是做自己的分内之事。后来，随着工作的逐渐深入，他发现仅仅完成自己的分内工作显然是不行的，因为如果不了解生产进度和库房的库存，他就无法更好地销售产品。为此，张敏每当闲下来的时候，就会和负责市场调度的同事多交流，有时候还会主动去库房帮助仓库管理员们整理货物，减轻他们的工作负担。对于销售部门的同事呢，尽管大家各自负责每个区域，实际上也还是有竞争关系存在的。毕竟，对于销售人员来说，业绩就是生命。不过，张敏和同事之间从来都是良性竞争，没有任何钩心斗角。有的时候，其他同事遇到困难，张敏还会主动帮助他们一起渡过难关。就这样，张敏不仅和自己工作的上下渠道搞好了关系，也和销售部的同事们相处得特别好。

有一次，张敏因为工作问题，得罪了领导。领导为此经常给张敏穿小鞋，让张敏难堪。不想，很多同事都纷纷向上级反映，力挺张敏。这时，领导才意识到张敏的强大气场，马上改变自己的想法，不再故意刁难张敏。否则，张敏的这些铁杆朋友们一旦集合起来，联合上告，只怕领导的职位都保不住呢！

毫无疑问，张敏的强大气场，完全是在工作过程中慢慢积累起来的。张敏非常具有合作意识，不但和仓库的人搞好关系，而且和同事也相处很好。常言道，锦上添花不如雪中送炭，张敏之所以能够得到人心，是因为他常常在他人需要帮助的时候，慷慨地伸出援手。这样一来，他才积累了越来越多的人脉，甚至做到了领导都不能的一呼百应。这就是合作的好处，拥有了强大的气场，你在很多事情上都会占据主动权。

那么，如何才能与同事之间更好地合作呢？如果你总是明哲保身，非自己工作范围内的事情概不插手，那么你很难与同事更好地合作。现代职场上的工作，很多时候都需要多个部门协同作战。你只有放下小我，心怀公司，处处以公司利益为重，才能主动承担起更多责任，也才能有机会和更多同事合作。当团队成员出于自愿而团结一致时，这个团队的力量就是无可估量的。在现代教育观念中，已经把合作意识的培养也列入教育的计划和目标。在未来社会里，不会合作的人必然寸步难行。既然如此，我们为什么不领先时代的潮流，率先实现合作呢？合作是一举数得的事情，何乐而不为呢？！

心理课堂

从心理学的角度来说，所谓合作，至少是两个以上的个体和群体，基于完成共同目标的想法，一起集合力量，完成某项任务。为了适应社会，适应现代职场，每个人都应该拥有合作意识，树立合作理念。要知道，没有任何人可以脱离集体，独自完成某项工作。此外，合作还能帮助我们成为团队的核心人物，形成强大的气场，我们理应主动合作，积极合作。

善于分享，成功气场更强

从很小的时候，我们就开始和一起玩耍的小伙伴分享美食、玩具或者其他东西。随着渐渐长大，我们越来越习惯于区分是你的还是我的，甚至和父母之间都分得无比清楚。渐渐地，我们不再习惯于分享。分享，从本质上来说是一种美德。分享快乐，快乐会变成双倍的；分享痛苦，痛苦会减半。这就是分享的魔力。生活中，那些善于分享的人往往更快乐，因为他们不但享受自己的快乐，也把快乐分享给他人，并且还能分享他人的快乐。对于他们来说，痛苦很少。即使遇到痛苦的事情，只要和朋友、亲人、爱人说出来，痛苦的感觉马上就会减弱。善于分享的人，都有着一颗博爱的心。不管是在生活中，还是在工作中，他们都拥有好人缘。这也就注定了他们距成功更近一步。

但我们还在牙牙学语时，父母就用心地教会我们分享。分享，带给我们的不仅仅是付出的快乐，而且还有成功的喜悦。试想，当别人遭遇困难时，你以自己仅有的食物与其分享，那么，当你遇到困难时，对方肯定不会袖手旁观。放大到事业当中，你就会拥有他人无私的帮助和回报。曾经有人把分享比作酒，那么分享一定是最纯粹的陈酿。它能够使分享的人和被分享的人都沉醉在友情之中，也能使人们更加善待彼此。分享也是一颗种子，它的生命力非常顽强，不管在哪里都能生根发芽，让心里有它的人更加坦然地面对人生。总而言之，分享让我们获得友谊，也获得成功。善于分享的人，一定会拥有更强的成功气场，因为处处皆是对他的回报和无私馈赠，这是他种下的种子生根发芽了。

善于分享的人，成功的气场往往更加强大。因为他们心里不但装着自己，也装着他人，甚至装着全世界。在他们无私分享的同时，他们也得到了别人慷慨的帮助和坚定的支持，自然能够获得更多。自私的人呢，他们心里只有自己，看问题自然鼠目寸光。而且，即使他们追求成功，也无法得到他人的帮助和支持。

心理课堂

分享是一种美德，是一种习惯，也是一种难得可贵的品质。善于分享的人，更懂得如何帮助他人，也会得到他人无私的回馈。人生的道路上，没有人能独自走过。只有善于分享，积聚好人缘，我们才能更好地走向成功。

动机强烈，气场才能变得强大

不管做什么事情，人们都会出于一个动机，也就是做事的初衷。有的时候，动机不够强烈，人们会选择放弃采取行动；当动机足够强烈的时候，人们才会毫不犹豫地将其转化为行动。这就是动机的力量。同样的道理，一个人要想获得成功，就必须有着强烈的动机。否则，就没有足够的动力支撑他战胜困难，获得成功。由此可见，强烈的动机是获得成功必不可少的条件，只有动机足够强烈，人们的气场才会变得足够强大。

很久之前，有个年轻人参加了一场舞会。他在舞会上来回走动，突然发现一个长相漂亮、气质优雅的女孩，不由得怦然心动。他坐立不安，很想邀请那个女孩共舞一曲。然而，他不太擅长跳舞，因而很担心自己会遭到女孩的嫌弃。思来想去，眼看着舞会就要结束了，他最终鼓起勇气，来到女孩身边。看着英俊潇洒的年轻人，女孩欣然应允。然而，刚刚跳了几分钟，女孩就气呼呼地甩开年轻人，一个人离开舞池。原来，年轻人的舞技实在太差了，他不是踩了女孩的左脚，就是踩了女孩的右脚，把女孩都踩疼了。

对于大多数年轻人来说，被美丽的舞伴丢在舞池里，一定会觉得很丢脸，也许从今以后再也不敢主动邀请美丽的女孩跳舞了。甚至，他们还会因此而戒掉参加舞会的习惯，改为留在家里看无聊的电视剧。不过，这个年轻人可是与众不同的。他不但更加热衷于跳舞，而且还坚持跳下去。最终，他成为尽人皆知的舞蹈家。他就是大名鼎鼎的穆瑞之。在他于1991去世时，有数以百计的舞蹈学校以他的名字命名。曾经，他还在电视上教无数的观众跳舞。

从一个不会跳舞的人，到成为家喻户晓的舞蹈家，穆瑞之为什么能够获得成功呢？这一切，都是因为穆瑞之有着强烈的动机。他在舞会上被女孩甩在舞池里，自尊心受到伤害；他很喜欢跳舞，不愿意放弃跳舞。这两点，使他有了强烈的动机——把舞跳好，最终使他成为成功的舞蹈家。

人的脑海中每天都会蹦出各种各样千奇百怪的想法。要想让这些想法变为行动，就必须拥有强烈的动机。只有拥有动机，才能展开行动，只有开始行动，才有机会真正进步、学习和成长，从而发挥自己的巨大潜力，获取成功。

心理课堂

强烈的动机从何而来呢？也许，在动机真正产生之前，它只是你脑海中灵光一闪的想法。如果你认真对待自己的想法，将其变为自己的意志，并且下决心一定要完成自己的心愿，那么你就拥有了动机。动机是否强烈，则取决于你对这件事情的态度是冷漠，还是热情。只有怀着热情的态度，你才能拥有强烈的动机，从而全身心地投入某件事情。

从本质上来说，动机就是一种刺激或者诱因，能够促使你决定做出某种行动。在做一件事情之前，不管你有多少个理由，都会至少有一个理由成为你的动机。曾经有心理学家指出，很多人之所以无法获得成功，就是因为缺乏强烈的动机。更有心理学家研究后指出，知识和技术在人们成功的因素中只起到15%的作用，而至少有85%的作用取决于健康的心态和强烈的动机。看看那些成功人士吧，他们之中很多人并没有显赫的家世，也没有多么高的学历，而是因为他们有着强烈的动机。

气场取决于格局，人生取决于气场

气场是什么？从本质上来说，气场就是环绕在人身体周围的磁场。这个磁场非常强大，它不但吸收了我们人生中的一切得失，还涵盖了我们的长相、出身、学识、脾气秉性，等等。总而言之，一切与我们有关的东西或者经历，多体现在我们的气场之中。这些东西或者经历，经过整合，变成了环绕我们的特殊能量。气场依附于我们存在，变成了我们的存在方式之一。

气场是无形的，看不见摸不到，然而，每个人的气场的的确确存在着。很多人渴望拥有强大的气场，因此故意佯装气场强大的样子。殊不知，气场是容不得伪装的。气场，说白了是你给他人的一种感觉。很多将士，即使战败，也依然器宇轩昂，让人不敢直视，这就是气场。很多热爱时尚的女性会关注大牌女性的穿衣搭配。她们会惊讶地发现，有些不起眼的衣服，一旦穿到明星身上，马上就变得很高档。但是同样的高档衣服，如果从女星身上穿到一个家庭妇女的身上，马上就会显得像是地摊货。虽然人们常说人靠衣装马靠鞍，这其实是人的气场在衬托衣服。这也是为什么那些服装厂家，一定要找大牌明星为自己代言的原因。要知道，他们虽然花费了高昂的广告费，但是却得到了更加丰厚的回报。

有些胆怯的人，会故意装得耀武扬威，以为这样就有了气场。还有些参加过演讲的朋友知道，适当的提高声音可以激发士气，但是对气场却没有补益。这是因为气场和激情没有关系。如果你站在万人瞩目的舞台上，你一边唱歌一边投入自己的感情，这当然会调动现场的气氛，活跃观众的情绪，然而，如果你的气场真的很强大，即使你面色平淡，也同样拥有强大的气场。就像天后王菲，她唱歌的时候很少有肢体的动作，也极少激情四射。她就那么淡淡地站在那里，漫不经心地唱着歌，谁能说她的气场不够强大呢？只怕是震惊四座吧！

简而言之，人的气场可以分为三部分：势、格局、人气。势，指的是人渴望做某件事情的心思，只要顺势而为，就能事半功倍。格局，指的是规划。一个人如果能够做到谋篇布局，毫无疏漏，那么他的气场格局就会非常完美。如果说势是激情，那么格局就是理智。人气，顾名思义，就是一个人对他人的感召和号召力。通常情况下，具有领导力和人缘好的人，人气更加旺盛。如果一个人在这三个方面都达到了完美，那么他的气场一定非常强大。其中，格局取决于我们的理性，是我们可以运筹帷幄的。既然如此，我们就应该更好地谋篇布局，这样才能最大限度地发挥自己的优势。要知道，格局从某种程度上决定了我们的气场是否强大，而我们的气场则决定了我们能否拥有精彩的人生。

要想更好地谋篇布局，我们除了要有机敏的心智外，还应该拥有丰富的经验。当然，我们不可能亲身一一体验，但是我们可以借鉴他人的经验。例如，爱看书的人往往有着细腻的情感体验，也可以通过读书走遍全世界，开阔自己的眼界。当然，对于我们曾经失败的经验，我们也应该善加利用。只有综合多方面因素，让自己更加豁达明智，才能拥有强大的气场。不容忽视的是，要想更好地谋篇布局，我们还应该重视人际关系。只有天时地利人和，我们才能更好地实行自己的计划。

秦朝末年，因为不满国家的苛捐杂税和残暴统治，民怨沸腾，各个地方的人民都联合起来，决定起义。有一年，赵国被秦国的重兵团团围住，时局危在旦夕。无奈之下，赵王赶紧派出信使，向楚国的楚怀王求救。楚怀王知道，一旦秦国灭了赵国，对楚国没有任何好处。因此，他马上任命宋义为上将军，项羽为次将军，率兵去帮赵国解围。然而，宋义胆小怕事，听说秦军势力很强，居然让军队驻扎在半路上，自己则每天大吃大喝，再也不提攻打秦军，解救赵国的事情。士兵们缺衣少食，每天都只能四处寻找野草果腹。见此情形，项羽气坏了，冲进营帐杀了宋义，自命上将军，率领大军火速赶去解救赵国。

为了动摇秦军的军心，项羽首先派出一支部队，截断了秦军的运粮道路。接下来，他披挂上阵，率领大部队渡过漳河。为了鼓舞士气，项羽下令每人只许留三天的口粮，然后把锅碗瓢盆全都砸碎，扔进河里，再把船也凿穿，沉入河里。这样一来，将士们看到项羽破釜沉舟的决心，全都意识到此次必胜，因为没有回头路可走。就这样，所有人都抱着不成功就成仁的决心，经过九次冲锋，终于战胜了秦军。这一仗不但解救了赵国，也使秦国元气大伤，最终走向灭亡的道路。

项羽在著名的巨鹿之战中，运用的就是格局。他精心谋划，谋篇布局，先是切断秦军运粮的道路，后来又奋不顾身，冲锋在前，最后还破釜沉舟，让将士们抱着必胜的信念，最终才彻底打败秦军。如果不是项羽精心谋划，强大的秦军根本不可能被打败。

虽然我们生在和平年代，但是如果想要做成大事，获得成功，也需要精心地谋篇布局。否则，就会功亏一篑，追悔莫及。

心理课堂

格局，最重要的是要有智谋，而且能够想到很多细节问题，不至于出现疏漏。要想更好地塑造自身的气场，我们就应该更加用心地谋篇布局。不管是势，还是格局，或者是人气，实际上都取决于我们的内心。其中，格局是我们最容易把控的方面，我们必须用心地做好格局，才能强大自己的气场。

格局，不仅直接影响我们的气场，也间接决定了我们的人生。

赤子之心，拥有强大的力量

《孟子》中记载："大人者，不失其赤子之心者也。"这里所说的大人，指的是品德高尚的君子。这里所说的赤子，指的是刚刚降临人世的婴儿。顾名思义，赤子之心，就是纯洁的、纯粹的、纯真质朴的心。这句话的意思是说，品德高尚的君子，也拥有一颗真诚质朴、纯洁无暇的心，就像刚刚出生的婴儿那么纯净质朴。的确，不仅仅是君子要拥有赤子之心，每个人都应该有一颗干净纯粹的心。虽然现代社会中，人们接收更多的信息，心思也变得芜杂，然而，只有心思纯粹的人，才能拥有更加强大的力量。纵观历史长河中那些有所成就的伟人，无一不是心思纯粹的人。尤其是在某个领域做出独特贡献的人，更是把所有的心思和毕生的精力，都投注到某项事业中去。由此可见，怀着一颗赤子之心，可以让我们更专注，更强大。

不可否认的是，世界上的确有着很多的不平等，尽管我们再三强调人生而平等，实际上，人还是不平等的。有的人一出生就含着金汤匙，有的人则出生在贫穷的家庭，只能过着清苦的生活。然而，不管我们穿的衣服是否是名牌，也不管我们的身份是低微卑贱还是高高在上，我们都应该怀着一颗赤子之心，自尊自爱。只有内心清澈纯净，我们的脸上才能挂着最纯真的笑容，我们的眼睛才能满怀真诚。人，既不应该妄自尊大，也不应该妄自菲薄。从心灵的角度来说，每个人都是平等的。只要我们尊重他人，我们就也能得到尊重；只要我们善良美好，我们就也会得到他人同样的对待。虽然人很渺小，但是人的心却是一个完整的世界。我们要真诚善良，为自己建造一个强大的世界。

也许在平日里，我们看不出赤子之心的与众不同。然而，一旦遇到灾难，拥有赤子之心的人就会显得非常伟岸。他们不会因为逆境变得沮丧绝望，而是坦然接受一切，就像是婴儿接受父母的喂食。他们那么平静，平静得近乎强大。心思杂乱的人呢？一旦遇到变故，马上就会惊慌失措，甚至因此而乱了阵脚。要知道，这恰恰是应对变故的最糟糕的情况。很多人形容那些久经沙场的将士，说他们处变不惊。实际上，怀着赤子之心的人，都拥有处变不惊的能力，因而显得非常强大和镇静。

徐光耀13岁那年，加入了八路军，成为一名不折不扣的“小兵”。在七年的时间里，他作为抗战的一员，无数次与日本侵略者交战。这使他拥有坚强的意志，也为他后来成为拥有“抗战情结”的作家奠定了坚实的基础。他先是写作了长篇小说《平原烈火》，后来又创作出脍炙人口的《小兵张嘎》。即使进入新中国，他也始终以抗战题材为主线，创造了无数抗战作品。

在徐光耀心里，他首先是战士，然后才是作家。他的每一部作品，都充满着浓郁的抗战情结。他是一个有着赤子之心的人。他从旧社会到新中国，始终不改初心。《小兵张嘎》无疑是徐光耀里程碑式的作品。时至今日，依然有人对顽皮机智、勇敢可爱的小英雄嘎子百看不厌。之所以能够创作出如此优秀的作品，历经时间的考验依然深受人们的喜爱，就是因为徐光耀从未忘记自己的生活，也没有忘记自己最初的人生历程。

心思单纯的人看起来也许并不适应这个瞬息万变的时代，毕竟人们的心思越来越杂乱。然而，只有心思单纯的人，才能更专注地做某一件事情，直至成功。现代社会的普遍现象是，很多人的心思都太活泛，他们今天觉得应该做这件事，明天就觉得应该做另外一件事，如此丢了芝麻捡西瓜，最终什么也做不成。

不管时代如何发展，我们都要保持赤子之心。拥有赤子之心的人是幸福的，他们那么全神贯注，根本不会被外界所打扰；拥有赤子之心的人也很强大，因为纯粹的心灵让他们拥有了更多的力量。为此，他们的气场也变得与众不同，你几乎一眼就可以从人群中认出他们。

心理课堂

赤子之心，首先是简单的纯粹之心。拥有赤子之心的人，不会胡思乱想，更不会让乱七八糟的想法扰乱自己的心绪。其次，赤子之心还是简单纯粹的心。尽管人心险恶，但是拥有赤子之心的人不会随意去揣度他人，而是把注意力更多地集中在有益的地方。最后，赤子之心是质朴的心。不管万事万物如何改变，拥有赤子之心的人都会坚持本心，不会轻易改变。

强大的气场，让你首先像个成功者

气质，是人的内在涵养的外在表现，而且是不知不觉的流露，完全不能刻意为之。虽然气场与气质有几分相似，然而气场却比气质的力量更为强大，也更立体。气场也不同于气势，气势有的时候会显得咄咄逼人，气场则非常平和。如果同为刚刚大学毕业的菜鸟，相信没有谁比谁的气势更强，因为大家都在同一起跑线上。然而，如果你有着强大的气场，包括领导和同事在内，也许有很多人会在无形中被你征服，因而信任你，佩服你。这就是气场的作用。既然如此，我们为什么不修炼自身的气场呢？至少，我们可以通过气场的作用，让自己看起来像个成功者，直至最终获得成功。

气场，与我们的性格和言行息息相关，它就像是一个人的魅力，能够悄无声息地征服他人。良好的气场能够帮助我们走向成功，获得成功，最终改变我们的生活。那么，怎样才能修炼好自己的气场呢？这很难，但是并非不能做到。归根结底，气场与我们的内心紧密相关。如果我们的内心足够强大，那么气场也会随之增强。相反，一个唯唯诺诺的人，是永远也不可能拥有强大气场的。气场虽然与天生的相貌等有关，但也可以后天修炼，取长补短。例如，有些人天生丽质，气场自然不同。那么那些相貌平平的女性怎么办呢？既可以通过妆容改变相貌，也可以通过读书等活动提升气质，增强内心的力量。

如果说气场是一种食物，那么它的味道就是乐观、坚强、自信。既然如此，为什么不让自己变得更乐观、更坚强、更自信呢？至少，它们浓郁的味道会让他人相信，你们拥有强大的气场。成功的气场也有着独特的标签，大凡成功者，一定非常自信，而且在遇到困难的时候，能够发挥坚韧不拔的品质，排除万难，渡过难关。这样的人，内心往往非常强大。如果我们能把自己的气场修炼成成功的气场，让它具备成功者的特质，那么你首先看起来就像是一个成功者。接下来呢？你霸气外露的气场会帮助你赢得更多人的信任，甚至能够帮你争取到合作的机会，最终使你有可能获得成功。强大的气场从来不会减弱，只要你拥有强大的气场，即使你身如草芥，也会璀璨夺目。

为了推销自己，或者是推销产品，很多人习惯于在和他人见面时递上一张名片。殊不知，真正能让你留在他人心里的，不是那张印刷精美的名片，而是你的气场。气场强大的人，让人只需要看一眼，就不会轻易忘记。想要自己看起来像个成功者吗？从现在开始，努力修炼自己的内心吧！

现代社会是个讲究包装的社会，要想让自己看起来像个成功者，除了修炼气场之外，还应该对自己进行适度包装。如今，各种各样的形象设计室如雨后春笋般层出不穷，究其原因，就是因为人们已经意识到了让自己看起来像个成功者很重要。当然，仅有内在的、容貌的陪衬还不够，你还需要得体的服装。当你看起来真的和一个成功者无异，你才有机会发挥你的特长，展示你的内心。你可以尽情发挥你健谈的特长，与每一个见到的人搞好外部关系。当然，我们不能本末倒置。浓妆艳抹是不合时宜的，衣不蔽体更是要不得的。不管什么时候，内心都是主角，外在只是必不可少的配角。

近来，张强应聘去一家4S店销售汽车。这家4S店主营奥迪，每辆车都价值不菲。张强其实刚刚大学毕业，每天都穿着低廉的西服去上班，工作一个月了，始终没有把车卖出去。看到张强苦恼的样子，主管笑着说："能买得起几十万甚至上百万汽车的人，一定身价不菲。你要想成功地向他们推销自己和车，首先应该让他们信任你。你这个月拿了一些工资，我还可以借些钱给你，我建议你去买一身三四千元的西装，作为工作服。等到下个月，你也许会有惊喜的发现。"张强从谏如流，而且他很珍惜这份工作。因此，会议结束之后，他就按照主管的提示，去商场给自己买了一身行头。连皮鞋在内，这身行头花了五千多。

换在以前，张强一定觉得不可思议。毕竟，他大学毕业的工资每个月也就两三千，怎么可能两个月不吃不喝去买衣服呢！不过，看到店里的销售冠军一个月的工资就是好几万，张强心有不甘。他暗暗告诉自己：我也能！穿上这身价格昂贵的衣服后，张强立马就觉得自己不一样了。后来，他还不停地告诫自己：我能行，我能行！我并不比那些来买车的人差，我是购车顾问，我要引导他们。经过一个多月的实习，原本就对车情有独钟的张强，已经非常了解车了。再加上服装的搭配，他变得越来越自信。有一次，一个看车的客户居然问他："你是这个店的销售经理吧！"就这样，张强成功地打造了自己的成功气场，居然接二连三地卖出去好几辆车。

在像个成功者之后，张强真的变成了成功者。虽然他的成功微不足道，但是他已经迈出了人生的第一步。就是这么神奇，让自己看起来像个成功者，能够帮助你成功地征服他人，征服客户，也征服自己。

心理课堂

要想让自己看起来像个成功者，你首先应该足够自信。一个自卑怯懦的人，别说无法博得别人的信任和认可，即使他自己也会非常怀疑自己。如果你是职场人士，那么你还需要依靠得体的装扮来给自己加油鼓劲。虽然说成功取决于我们的内心，但是也需要天时地利人和。如果能够争取更多成功的必要条件，我们为什么不呢？从现在开始，就努力充实自己的心灵，提升自信，让自己看起来像个不折不扣的成功者吧。等到你自己都相信自己已经成功时，成功就会如约来到你的身边！

相信奇迹，不要给自己设限

大自然充满神奇，让人百思不得其解其中的奥秘。经过科学家不懈地研究，最终证实大自然中充满着各种各样的气场，而这些气场都是由电磁波组成的。即使放眼全宇宙，信息的传递也必须依靠电磁波。那么，电磁波是如何做到这些的呢？所有的电磁波都是有频率的。就像我们用手机打电话，就是电磁波在起到通信和承载信号的作用。还有飞机和塔台之间的信号传递，同样也是依靠电磁波。当然，这些只是人为制造的电磁波，实际上，人类生存的空间里还有很多自然界产生的电磁波。那么，这些电磁波为什么能够做到彼此之间互不干扰呢？这是因为不同作用的电磁波，频率也是完全不同的。包括人在内，也有自然生成的磁场。这个磁场是个巨大的能量场，一旦我们熟悉和掌握了吸引力法则，就可以用这个磁场吸引我们想要得到的一切。

人们常说，生命会创造奇迹，实际上就是人的磁场在发挥作用。不管在什么情况下，局限我们的其实是我们自身，是我们的内心。例如，一个人想自己开公司，但是他很担心公司无法顺利运转，因此不停地告诉自己："哎呀，我很害怕，要是赔钱怎么办？"经常这么想，他就失去了开公司的勇气。相反，如果他总是告诉自己："我相信，我是最棒的。只要公司开起来，我就想尽办法拓展业务，怎么会做不好呢？！"这样的想法，让他精神抖擞，士气鼓舞，最终顺利开办公司，并且把公司经营得风生水起。由此可见，只要不给自己设置界限，我们就能突破自己，创造奇迹。

大学毕业后，刘猛没有找工作，而是从父母那里借了几万元钱，开了一家淘宝店铺。刚开始，他只是进行代购，后来，随着生意越来越好，他瞄准了婴幼儿用品市场。那些五颜六色的口水巾、三角巾，实际上成本非常低，只要自己批量购买一些纯棉质地的布料，再找个加工厂代加工，就能获得高达十几倍的利润。想到做到，刘猛马上联系厂家，进布料，再找加工厂代加工。就这样，他用短短的几年时间，就拥有了属于自己的加工厂，还注册了商标。现在的刘猛，不仅仅是个小老板，而且还有着雄心壮志。他大言不惭地说："我还要成立生产婴幼儿服饰的服装厂，孩子的钱真是太好挣了。”

虽然家里人都建议刘猛要稳扎稳打，不要冒进，但是刘猛很自信，他说：“我相信自己一定能成功，我不是从一无所有走到今天的吗？！”刘猛投入了自己这几年来的积蓄，成立了婴幼儿服装厂，最终做出了自己的品牌。

如果刘猛在最初给自己设定界限，就是成为一个成功的淘宝卖家，那么他的职业生涯就会永远地停留在成交量上。幸好，他看得非常长远，而且很放任自己的野心。最终，他不但拥有那么多的淘宝连锁店铺，还成功地开办工厂，开实体店，真正做到了一条龙。

刘猛成功的经历我们也许无法复制，但是他成功的心态却是值得我们学习的。人生，原本就不应该有界限，就像无限的宇宙一样，有着无穷无尽的宝藏等着我们去探索，去发现。

心理课堂

心理学家曾经说过，人最大的敌人是自己。无数的成功学大师也曾经说过，人最大的敌人是自己。那么，我们必须突破自身的思想局限和心灵禁锢，才能获得漫无边界的发展。这与我们为自己设定目标并不冲突，因为马拉松选手要想顺利跑完全程，也必须有远期目标和近期目标。然而，思维应该是脱缰的野马，天马行空，这样才能让金点子层出不穷。

朋友们，从现在开始就打开思维的局限吧。要相信：你，无所不能！

只有大脑富裕，才能形成财富气场

细心的人们会发现，那些有钱的人似乎总有挣不完的钱，而且从各个渠道都能挣到钱。相反，那么没钱的人呢？他们整日因为缺钱而愁眉苦脸，似乎财神爷看到他们都避之不及，最终变得越来越贫穷。这是为什么呢？难道金钱真的能够吸引金钱，而贫穷就永远与穷苦相伴吗？其实不然。之所以出现这样的现象，是由穷人和富人的不同思维决定的。

眼界，往往决定了我们人生的高度。看看那些富有的人，他们的朋友和亲戚也都是有钱人，因此他们在一起交往时，往往能够得到最新鲜的资讯，万一需要金钱运作，也能轻而易举地从亲戚朋友那里筹集到大量资金。相比之下，穷人就没有这么幸运了。他们总是缺钱，他们的亲戚朋友也大多数都是穷人，因此，他们在一起交往时根本得不到有效的消息，只是为了贫穷而唉声叹气。即使千载难逢的机会真的摆在他们面前，他们也有可能因为没有资金，而眼睁睁地看着好机会溜走。如此一来，他们自然陷入恶性循环，越来越贫穷。

倘若穷人也能和富人一样，有更好的资源可以利用，有更好的心态面对生活的磨难，那么穷人也有可能挣到人生的第一桶金。那些能够彻底改变自身命运的穷人，往往有着强烈的动机意识，也有着坚韧不拔的毅力，所以才能战胜坎坷的命运，获取成功。由此可见，穷人要想拥有富裕的人生，首先要让自己的大脑富起来。这就像是多年以前，孩子们必须依靠高考的独木桥，摆脱面朝黄土背朝天的生活。现代社会，虽然农民的孩子也有了很多出路，然而依然要加倍努力和奋斗。

也许是因为穷怕了，很多穷人在面对财富的时候，甚至没有足够的自信去抓住财富。他们一直过着贫穷的生活，把财富看得距离自己很遥远。等到财富真的来到他们身边时，他们犹豫了。与财富失之交臂，是因为穷人的思维模式闭塞。只有打开心灵，迎接财富的到来，为自己积聚更多的财富能量，穷人才能拥有财运气场，最终摆脱穷困。要想让财运气场比较稳定，我们还应该修炼自己的心灵，让自己的内心变得强大起来。只有这样，我们才能更好地吸收能量，迎接财富的到来。

在这个世界上，没有一个人天生就该忍受贫穷的折磨。只要我们相信自己也能变得富裕，只要我们通过思想和言行来帮助自己形成财富气场，让自己拥有吸引财富的大脑，我们就一定能摆脱贫困。

有位女士特别贫穷，然而她从来不抱怨，因为她坚信自己有一天会变得富裕起来。她不像大多数穷苦的女人一样牢骚满腹，而是竭力让自己的生活变得更有情调，也更舒适。她似乎天生就有一种魔力，能用不起眼的原材料做出美味佳肴，能用很少的钱就把家里布置得别有韵味。就这样，她热爱生活，也积聚了强大的财富气场。终有一天，她积极乐观的生活态度和对工作的诚恳认真，让她有了晋升的机会。随着工作的提升，她的薪资待遇也越来越高，她果真过上了自己梦寐以求的生活。

是什么帮助这位女士过上梦寐以求的富裕生活？是她的财富大脑。她虽然过着贫瘠的生活，但是心念始终向着财富的方向。这样一来，她的财富气场就变得越来越强大。朋友们，人们常说身在曹营心在汉。不管我们现在的生活是贫穷还是富有，我们都应该整理自己的思路，让自己心怀财富。只有这样，我们才能把财富吸引到身边来。

心理课堂

这个世界上有一种人，就像上述事例中的女士，不管生活多么坎坷，始终都不抱怨不埋怨，而是更加竭力创造美好的生活。有些人与她恰恰相反，尽管掌握着很多金钱，但却从不知道应该如何利用这些金钱，为自己创造更好的生活。他们自私而又狭隘，目光短浅，内心贪婪，早晚会失去财富，变得一贫如洗。

要想拥有财富，首先要有一颗财富的大脑。这样，我们的身心才会变得更加充实，也才能更从容地对待生活。每个人的大脑都是取之不竭、用之不尽的财富，我们一定要深入挖掘大脑的潜力，积极创造财富，拥有财富。

第03章

你内心最关注什么，就会将什么吸引进你的生活

很多时候，我们会有一种奇怪的体验。即我们原本不关心天气，然而，当我们计划一次远行，关注某个地区的天气时，我们突然之间就会接触到很多相关的信息。这样一来，我们在主动和被动的作用下，始终在关注某地的天气信息，从而获取更加丰富翔实的信息。这就是吸引力法则的作用。我们内心关注什么，生活就会把什么吸引进我们的生活。

你会变成你所期望的样子

很多时候，我们会对自己表示不满。这些不满遍布生活的各个方面，例如我们觉得自己不够优秀，待人接物还有所欠缺，再如我们觉得自己总是非常苦恼，不够快乐……这些不满，渗透在我们生活的各个细节，让我们越发缺乏自信。实际上，假如我们扬起信心，就会发现，我们很容易就能变成自己所期望的样子。例如，我们想要取得更好的成绩，考上名牌大学，那么只要我们不懈努力，我们将其设定为人生的目标，那么我们就一定会竭尽所能，考入自己心仪的大学；再如，我们想在工作上有更好的表现，不管什么时候，都竭尽全力去工作，不但完成上司交代的任务，而且能够主动积极地承担其他相关的工作，那么你的优秀表现肯定能被上司看到，升官加薪也就不成难题。总而言之，不管是你想从精神上还是想从客观方面提升自己，只要你一直期望，并且努力去做，你就一定能够得偿所愿。

从吸引力的角度来说，是吸引力的作用，帮助我们完成了梦想。从努力的角度来说，正因为你有强烈的欲望，所以才会不知不觉间就朝着特定的方向努力，因而更容易实现梦想。总而言之，你必须坚持不懈地期望和努力，才能真的成为自己期望的样子。

焦耳是英国大名鼎鼎的科学家。很小的时候，焦耳就对物理学表现出浓厚的兴趣。虽然条件有限，但他还是主动做一些和电、热有关的实验，以满足自己小小的好奇心。有一个假期，焦耳和哥哥结伴去郊外游玩。焦耳非常勤奋好学，即使出去玩耍，也始终牵挂着做实验的事情。他让哥哥牵着一匹腿部受伤的马，自己则偷偷地跟在马的屁股后面，用电池把电流通到马的身上，想看看马在遭到电流刺激后有何反应。果然，他如愿以偿地看到：马被电击后，马上像发狂一样地跳起来，差点儿踢到哥哥。这种情况对于当时还年幼的焦耳和哥哥来说，当然非常危险。然而，焦耳依然热衷于做实验。他和哥哥划船来到湖心，焦耳灵机一动，想测试在湖心的回声情况。想到这里，他和哥哥一起把火药塞进枪管里，随着他扣动扳机，“砰”的一声，枪口里喷出长长的火龙，把焦耳的眉毛都烧焦了。哥哥受到惊吓，也险些掉进深不见底的湖水里。

他们回到岸边，突然间天空阴沉，电闪雷鸣。焦耳敏感地意识到，雷声虽然很大，但是每次都在闪电之后才能听见。这是为什么呢？焦耳已然忘记躲雨的事情，和哥哥手牵手一直跑上山头，用心记录每次闪电和雷鸣的间隔时间。好不容易等到假期结束，焦耳一见到老师就把自己的实验成果向其汇报，还请教老师：“老师，为什么闪电总是在打雷之前出现呢？”老师看着焦耳渴望的眼神，耐心地告诉他：“光的传播速度比声音更快。实际上，闪电和雷鸣是同时发生的。”焦耳恍然大悟。从那以后，他更加着迷于科学实验了。他持之以恒地努力学习，认真观察自然界的各种科学现象，最终成为一名优秀的科学家，为世人揭示了热功当量和能量守恒的定律，为全人类做出了巨大的贡献。

当然，并非每个人都能变成举世闻名的物理学家。不过，普通人也有普通人的梦想。要想更加接近于自己的梦想，我们就要坚定不移地相信自己，唯有如此，我们才有动力，也才有更加执着的目标，并且为之努力。

心理课堂

你也许不善于表达自己的感情和情绪，你也许对自己的样貌和身材不太满意，甚至你对自己精心挑选的丈夫也不满意，还有可能你不喜欢现在正在从事的工作……你有很多不满意，这其中有些是你不能选择的，有些是你无法改变的。那么，就让我们改变那些可以选择的吧，这样，你就会发现，你原本害怕的改变其实并没有那么可怕。只要你想，只要你努力，终有一天会变成你所期望的样子。

每个人在追求梦想的道路上，都会遇到很多困难。你只有坚持不懈，持之以恒，才有可能更加接近自己的梦想。

人生应该积极，不应该消极

现代社会，生存压力越来越大。和计划经济时代相比，虽然我们的父母曾经拿着几十块钱的工资，但是却住着国家分配的房子，生病也有地方治疗，总而言之，生老病死都是国家在负责。如今进入市场经济，虽然作为70、80、90的一代，拿着更高的工资，拥有更多的机会，然而，安全感却严重流失。我们的一切都要靠自己奋斗，因为国家既给了我们权利，也给了我们责任和义务。因此，很多年轻人在巨大的压力下，都变得很消极。他们总是不停地抱怨，觉得自己没有得到公平的待遇。其实，这个世界上根本就没有绝对的公平。与其花费很多时间抱怨，不如积极地面对现实，勇敢地挑战自己。

积极的人，即使遇到困难，也能马上改变现状，调整自己，奋起迎战。相比之下，消极的人则有很多的不乐意。他们不管做什么事情，都首先抱怨，然后才会心不甘情不愿地努力。归根结底，现在的很多年轻人之所以看起来昏天暗地，就是因为他们总是抱怨，而没有积极的人生态度。要知道，只有树立明确的目标，然后给予自己一个美好的憧憬，你才能鼓起勇气，一鼓作气，向着目标前进。

从某种意义上来说，人身价值取决于人生的目标。而能否实现人生目标，就在于我们能否勇敢地面对现状，积极地战胜困难。很多人不管是在生活中，还是在工作中，都一味地沉浸在消极的情绪中，缺乏目标或者目标不明确，导致整个人浑浑噩噩，表现得毫无兴致。长久这样下去，必然导致人们难以肯定自身，从而陷入恶性循环之中，越来越沮丧绝望。无论做什么事情，我们都应该抱着积极的态度。要知道，逃避只是懦夫的作为。只有勇敢的人，才能始终保持积极的心态。也许有人会问，我如何才能保持积极的心态呢？生活中，根本没什么值得我开心的事情啊？的确，很多时候我们必须面对困境。这里，可以告诉大家一个小诀窍，即佯装积极。在佯装积极之后，你会发现自己真的变得乐观开朗起来。首先，如果你每天都微笑着面对他人，那么时间长了，即使你之前心情抑郁，只是在假装微笑，你也会发现自己的心情真的开朗起来，真正变得轻松愉悦。既然哭着也是一天，笑着也是一天，我们为什么不笑着度过这一天呢！其次，我们还应该学会肯定自己。的确，每个人都有缺点，这一点是毋庸置疑的。然而，有缺点并不可怕，最重要的是要把缺点变成进步的动力，全身心投入到生活和工作中，这样才能不断进步。适当地肯定自己，能够帮助我们扫清沮丧的情绪，毕竟我们也是有优点的，这样想来，你是不是就浑身充满了力量呢？最后，我们还应该积极地运动。运动，是生命的源泉，不但能给我们一个健康的体魄，还能帮助我们拥有昂扬的精神。根据辩证唯物主义的观点，很多人都知道事情有两面性。很多时候，我们一旦变得积极，消极的情绪就会烟消云散。

很久以前，有两个推销员一起来到遥远的非洲，想向那里的人推销鞋子。来到非洲之后，他们突然发现非洲人不穿鞋子。因为处于热带，他们根本不担心脚底下会着凉，也因为传统的习惯，从不穿鞋子。看到这样的情况，其中一个推销员沮丧地给领导打电话："领导，这里的人全都不穿鞋子，咱们的鞋子根本没有地方可以卖啊！"领导听了他的话，也觉得很绝望，说："那你就打道回府吧，看来我们在非洲没有市场。"另外一个推销员呢，他也马上拿起电话给领导打电话。和前一个推销员截然不同的是，他的声音听起来无比亢奋，就像要汇报一个天大的好消息一样。只见他兴高采烈地说："领导，我发现了一个巨大的市场。你知道吗？非洲人在此之前从来不穿鞋子啊！即使每个人只买一双鞋子，咱们的销量也会非常可观。如果我们的鞋子得到他们的认可，那么作为第一个推销鞋子给他们的人，我的订单一定会像雪片一样纷纷飘来啊！"领导也特别激动，说："那可就太好了。这样，你马上去酒店定个长期的包房，驻守在那里。咱们一定要抢占非洲市场！"

就这样，两个不同的推销员，因为心态不一样，也有了完全不同的命运。第一个推销员灰溜溜地回国了，第二个推销员呢，在非洲打开了销路，得到了成千上万张订单。

朋友们，你们习惯于积极地思考问题吗？虽然心态的问题看起来不那么重要，然而不同的心态不但会影响我们的人生，还会影响我们一生的命运。从现在开始，赶快调整心态，让自己成为积极乐观的人吧！

心理课堂

凡事都有两面性，因为心态不同，积极的人看到有利的一面，消极的人只能看到有弊的一面。也正因如此，他们的选择和做法截然不同。积极的人勇敢地面对困难，战胜困难，超越自我；消极的人只能为难而逃，永远不再回来。

我们必须拥有积极的心态，才能更好地面对未来，成就人生！

积极的心理暗示，助你增强气场

所谓心理暗示，是一种非常常见的心理现象。人们在接受外界的信息或者他人的意愿、情绪等的影响后，自身的心理也会发生相应的变化，这就是心理暗示的作用。心理暗示往往采取非常自然的方式进行，属于非对抗性行为。接受暗示者往往是在不知不觉间接受信息，心理产生变化，自己却浑然不觉。著名心理学家巴甫洛夫认为，对于人类而言，暗示是最简单且非常典型的条件反射。日常生活中有很多心理暗示的情况，例如我们看电视购物广告后，会情不自禁地被激情澎湃的主持人感染，甚至拿起电话订购商品。再如，我们走在户外经常看到广告，刚开始也许没有明显的反应，但是后来却不知不觉间就接受了某个品牌或者某件商品。这些，都是心理暗示在起作用。当然，心理暗示不止有积极的，也有消极的。很多人还会利用消极的心理暗示，使其起到相反的作用。

如果我们能够恰到好处地运用积极的心理暗示，我们就能很好地调整自己的心态，让自己变得更加积极主动，乐观坚强。此外，我们还可以运用积极的心理暗示，影响身边的人，让他们更加充满勇气。曾经，安德森说，积极的心态就像是烈日，让世界都为之燃烧，消极的心态则像清冷的月亮，总是不停地或圆或缺。这就是心理暗示对我们的巨大影响。如果我们经常对自己进行积极的心理暗示，坚定自己的信念，那么我们的气场一定会越来越强。要知道，只有一个自信、坚定不移、果敢的人，才能释放出强大的气场。

在心理学界，有一个著名的实验。这个实验以一个死刑犯为对象，心理学家告诉这个死刑犯："我们要对你执行一种特殊的死刑，即刺破你的动脉，让你的血流干。这样，你既不用遭受枪击的痛苦，而且在失去意识之前也毫无痛苦。"死刑犯当即表示同意。他们让死刑犯进入一个狭小的手术室里，躺在一张小床上。然后让他通过墙壁上的一个胳膊粗细的洞，把胳膊伸到旁边的大房间里。死刑犯能听到医生和护士在隔壁房间的对话。护士问医生："请问这次放几瓶血？五瓶可以吗？"医生似乎想了想，才说："五瓶太少了吧，这个人这么强壮，应该放出七瓶。"说完，护士就给死刑犯的胳膊消毒，并且用很粗的针管扎了他一下。实际上，护士并没有把针扎进他的血管，而只是让他误以为已经开始被放血。护士在他手臂上方准备了一根细细的管子，让温热的水不停地从管子里滴出来。死刑犯意识到自己的血正在一滴一滴地滴走，意识越来越模糊。等到滴到第三瓶时，他已经昏过去了。当第五瓶滴满时，他的心脏停止了跳动。他的死因很奇怪，因为他连一滴血都没被放出来，但是他的死亡症状却和失血死亡一样。

从这个事例中我们不难看出，消极的心理暗示对人的意志是多么大的摧残，也很容易就能得出结论，我们不应该给自己消极的心理暗示。那么，接下来看看积极的心理暗示有什么好的作用吧！

很久以前，非洲有一个特别闭塞的部落。这么多年来，他们一直在非洲腹地生活，很少与外界接触。这个部落有个奇怪的传统，如果年轻人想结婚，至少应该捕捉九头牛作为聘礼，才能娶到满意的媳妇。有个年轻人特别会捕牛，在抓到了九头牛后，年轻人来到部落首领家，想娶部落首领的女儿。部落首领有两个女儿，大女儿很丑，小女儿很漂亮。看着年轻人赶来九头身强体壮的牛，酋长说："你的九头牛非常棒，你可以迎娶我的小女儿。"年轻人笑着摇摇头，说："不，我要迎娶您的大女儿。"首领笑了，说："但是，我的大女儿不值你这九头牛啊！"年轻人依然坚持迎娶首领的大女儿。这件事情，几乎让整个部落都轰动了。人们看着这个骄傲的新娘，羡慕不已。

几年的时间过去了，有一次，首领路过年轻人的家里，看到他们正在举行篝火晚会。在人群的簇拥中，有个美丽的女子正在跳舞，还唱着宛如天籁的歌曲。首领惊讶极了，问年轻人："我的女儿呢，在哪里？"年轻人笑着指了指美丽的女子，说："她就在那里呀！"首领惊讶不已，说："天哪，这是我的大女儿吗，简直就像一个仙女啊！"

没错，首领看到的就是他的大女儿。因为得到了最强壮的九头牛作为聘礼，原本自卑的大女儿马上变得自信起来。她不停地告诉自己：我很美，我值九头牛作为聘礼。几年之后，她果真变得貌美如花，而且还非常自信从容。这种脱胎换骨的变化，正是强烈的心理暗示在起作用。

心理课堂

即使没有九头牛，我们也可以对自己进行强烈的积极的心理暗示。要知道，每个女人都渴望自己变得更加美丽，即使容貌不能轻易改变，气质、神情也会赋予女人完全不同的气场。从现在开始，就让我们进行积极的心理暗示吧！

很多年轻人都希望自主创业，然而却缺乏信心。如果能进行积极的自我暗示，相信一定能够事半功倍，更快地走向成功！

补全短板，发挥强大气场

生活中，每个人都曾经亲眼目睹木桶的样子。木桶，是一种盛水的器皿，是由木板箍在一起做成的。每块木板必须密切配合，互补疏漏，严丝合缝，才能保证木桶的盛水功能正常。如果其中的一块木板短了半截，那么这个木桶的盛水量也会马上减半。因为不管其他的木板多么长，只要有一块木板长度不够，就肯定会成为缺口，导致水源源不断地漏出去。从商业管理的角度来说，木桶理论已经得到大力推广，即木桶的容量取决于最短的那块板。如果从管理学的角度来说，这块短板就是这只木桶的"限制因素"，也叫作"短板效应"。反之，要想增加木桶的容量，必须把短板换成长板，或者是使其增长。同样的道理，企业的整体素质要想提升，最重要的不是提高高科技人才的比例，而是提升“短板”。只有把“短板”补好或者替换掉，企业才能更上一层楼。

如今炙手可热的木桶理论，实际上告诉了我们一个道理。如果想把木桶盛满水，必须保证木桶的所有木板都足够高，反之，只要这个木桶有任何一块板的高度不够，木桶就不能盛满水。美国管理学家彼得提出这个理论时，一定没有想到这个理论现在尽人皆知。实际上，彼得是一名管理学家，他只是想告诉大家，一个企业的整体水平并不取决于最优秀的部门或者员工，而是取决于劣势部门或者不那么优秀的员工。现在，木桶理论已经上升到理论的高度，涵盖各个行业。从上文内容我们不难得出一个结论，一个企业要想成为一只结实的木桶，必须提高所有木板的长度，切勿参差不齐。同样的道理，一个人要想获得长足的发展，也必须全方位发展，取长补短，这样才能提升整体的实力，形成强大的气场。

从前，有个企业做得特别好，不但上下级之间能够精诚合作，员工之间也非常团结，因此公司的整体业绩蒸蒸日上。不过，这些人里有个员工和领导的关系很僵。有一次，他提出了一个方案，领导否定了他，他就耿耿于怀，再也无法与领导心无芥蒂。这时，恰巧另外一个公司需要从这个企业借调一个人，进行市场调研。经过一番深思熟虑，领导决定把这个员工派过去。这位员工得到调令之后非常高兴，觉得自己终于有了大显身手的机会。出发之前，领导三言两语地交代他：“你被借调过去，既代表了你自己，也代表了我们企业的形象。我相信，你一定知道应该怎么做。如果实在觉得吃力，就告诉我，我马上再给你派助手。”几个月之后，用人公司打来电话感谢领导：“真是太感谢了，你派的人给我顶了大用场，而且非常勤奋！”领导很高兴，说：“哈哈，你如果需要，我这里还有更多更优秀的呢！”几个月的借调时间到了，员工回到企业，显得非常自信和干练。对于领导，也完全释怀，与领导相处得非常愉快。

经过这次借调，领导间接地激励了企业中的“短板”，使其得到机会锻炼自己，也培养了他的信心。经过这段时间的锻炼，短板显然已经得到了增长，变成了长板。如此一来，企业的整体实力就得到了增强。毫无疑问，这家企业的气场会更加强大。由此可见，好钢用在刀刃上，必须补足短板，才能提升企业的整体素质。把这个道理用在个人身上同样适用，必须发现自己的缺点和不足，弥补自己，才能更加提升自身整体素质，从而为自己的成功铺平道路。

心理课堂

很多时候，禁锢我们发展的原因并非是我们不够优秀，而是我们的缺点和不足。如果认识到这个道理，能够做到积极主动地补全短板，我们一定能够得到更加长足的进步，发展的过程也会更加顺利和一帆风顺！

积极学习，才能让气场更强大

中国古代的大哲学家荀子曾说，“学不可以已”。这句话的意思是说，人必须始终保持学习的状态，不然就会导致退步。尤其是在现代社会，已经进入信息化时代。在几十年前，人们大学毕业后的知识足够使用一段时间。然而，现在的大学生刚刚毕业就会发现，校园里学的很多知识已经过时了。这样一来，就要求每个人在大学毕业后，也必须继续保持学习的状态。刚刚工作的大学生会发现，毕业不是学习的结束，而是学习的开始。面对工作，我们有太多需要学习的知识和技能。针对这种情况，现代人才学领域出现了一个崭新的理论，叫“蓄电池理论”。意思是说，每个人都应该把自己当成一块巨大的蓄电池，只有不断地学习，为自己充电，才能始终保持强劲的动力。

从个人的角度来说，气场的形成与吸引力息息相关。而气场，又与学识、经历等密切相关。只有努力填充自己的心灵和精神，努力提升自己的技能，让自己全方面发展，才能最终形成强大的气场。曾经有专家指出，在1950年时，人类知识的更新周期是五十年。在2000年时，人类更新知识的周期是五年。预计到2030年，人类更新知识的周期应该只有2~3个月。如此一来，我们必须顺应时代的需要，把自己变成一块动力强劲、持续充电的蓄电池，这样才能更好地实现个人的发展，也才能为社会做出贡献。

学习的方式有很多。终身学习既不同于学校里的填鸭式教学，也不同于为了应付工作参加的培训，而是一种积极主动、有计划的学习过程。所谓一口吃不成个胖子，我们必须循序渐进，由简到难，才能保持学习的兴趣和主动性。在《劝学篇》中，哲学家荀子也说："不积跬步，无以至千里；不积小流，无以成江海。"关于学习的积累性，曾经担任哈佛大学校长的爱路特说："如果一个人每天都能抽出十分钟读书，那么二十年之后，他所掌握的知识与现在一定不可同日而语，只要他选择的是有益的图书。"现实生活中，很多人都有每天读书的好习惯。这与国家提出的全民阅读不谋而同。总而言之，坚持学习的好习惯，是每个人顺应社会发展的需要，也是我们个体不断突破和进步的需要。活到老，就要学到老。1965年，法国著名教育家保罗·朗格朗在联合国教科文组织主持召开的成人教育促进国际会议上，提出了"终身教育"的理念。他是联合国教科文组织成人教育局局长，是整个世界学习领域的领军人物。1994年，罗马举行了"首届世界终身学习会议"，自此在世界范围内形成了关于"终身学习"的一致见解。这种教育理念和学习理念的提出，对全世界的人们都产生了深远的影响，让无数人因之受益。怎么样，你做好积极学习的准备了吗？只有不断充实自己，你才能拥有强大的气场，拥有无与伦比的吸引力！

在单位里，夏丽总是觉得抬不起来头。原来，她所在的单位是清华大学附属的一家出版社，主要负责出版大学教材，编辑和领导基本都是研究生以上学历，只有夏丽是个本科生，因此担任最累的出差工作，四处推销教材。对于一个女同志来说，几乎每个星期都出差，让夏丽甚至都不敢怀孕。而且，见到其他高学历的同事，夏丽也总觉得自己是个打杂的，没有任何地位。

为了改变现状，夏丽决定也考研究生。虽然已经工作和结婚的她，再考研究生貌似很难集中精力，但是夏丽还是紧咬牙关，考上了研究生。果不其然，夏丽研究生毕业后，领导还给她分派了两个助手，让夏丽成为发行部的主管。这样一来，夏丽简直是扬眉吐气，再也不觉得低人一等啦。她每天都打扮得精明干练，俨然是一位精英型白领。

看到夏丽的气场变得如此强大，办公室里的同事们都觉得她和以前完全不一样了。就连老公都说夏丽像是变了一个人，越来越年轻和能干了！

人如果不学习，和其他学习的人相比，即使原本处于同一个起点，也会退步。更何况是起点原本就比他人低的夏丽呢！更要努力追上他人，才能更好地成就自己。年轻人在刚刚工作的时候，难免会承受巨大的压力。一则，学历的差距给我们压力；二则，缺乏经验也使年轻人在工作上的表现没有那么突出。既然这样，不如从毕业之后就好好学习，不但要多多读书，学习技能，也要和经验丰富的同事多学习，这样才能给予自己更好的未来！

心理课堂

积极学习，是保证我们始终都在进步的必要手段。在这个犹如逆水行舟，不进则退的全民学习的年代，我们不但要积极主动地学习，更要有计划有针对性地学习。

学习的方式多种多样，大学毕业之前有兴趣班和图书馆，大学毕业之后还有单位的培训，个人的学习安排，等等。这些，如果你都能兼顾到，那么你一定会成为知识先进、理念全新的现代化人才。当你做到最优秀，还愁气场不够强大吗？

信息自动搜索，只因你心之所向

很多初恋的人都有一个奇怪的感觉，即当我们爱上一个人，我们满心满脑子都是这个人的影子。有些时候，即使家不住在一起，我们也会莫名其妙地在某个地方遇到自己喜欢的人，那种感觉就像是在做一个美梦，妙不可言。这难道是吸引力的作用吗？把他从遥远的地方，吸引到我们眼前。也许会有一段时间，你喜欢上了某个歌星或者影星。那么在这一段时间里，你总是能够看到关于他的信息，他的信息也会铺天盖地而来，让你应接不暇。这种奇怪的现象为什么会出现呢？其实，这是人在心理暗示下的信息自动搜索。

我们喜欢一个人，不管这个人是我们身边的，还是遥不可及的歌星、影星，我们都会在无形中暗示自己，要多多关注这个人。由此一来，我们就会在不知不觉间给予这个人更多的关注，从而也就会留意和搜集关于他的更多信息。从本质上来说，这就是恋爱的美妙之处。尤其是在初恋时，这样的欢喜让人眼角眉梢都洋溢着爱意。当然，这个规律并不仅仅只在感情之中有所体现。用吸引力法则来看，如果我们想要做一件事情，我们的心也会吸引那些相关的信息。例如，很多年轻人想要自主创业，又因为担心资金和经验的问题，不敢马上开始行动。殊不知，在他们一心一意想要创业的同时，和他们的梦想有关的人、事情、信息等，就都蜂拥而至啦。这些得天独厚的条件，能够帮助他们更好地开展事业，吸引更多的人气，形成强大的成功气场。

小张想开一家快餐店，因为他是厨师，手艺非常好。小张理想的店面是在大学校园周围，因为学生一到放学就会出来吃饭，人流量非常大。然而，在成熟的商圈，大学校园附近的小门面房已经杳无踪迹了。为此，小张整日转悠，恨不得马上能建造一间房子开餐馆。

有一天，小张走累了，随意走进路边一家小商店买水喝。闲谈间，小张问老板："老板，你这里靠着大学，生意不错吧！"老板摇摇头，说："不错什么呀，学生都不抽烟不喝酒，买些日常用品又去附近的大超市，我还想着有合适的人把这间房子转出去呢！要不是提前预付了一年的房租，我早就不干了。"听到老板的话，小张两眼熠熠闪光，他马上问："您转让想怎么转呢？"老板说："把我交了的房租给我，再给个两万块钱吧。我知道，这里虽然不是开小商店的好地方，但是我左邻右舍的餐馆，那生意可是火爆得不得了呢！要是我会做饭，我也开餐馆了！"小张喜笑颜开，当即和老板谈起了转让的具体事宜。为了让老板毫不犹豫地把店面转给他，他还主动提出收购商店里的酒水饮料，开餐馆的时候可以用。老板也很高兴，和小张谈得非常愉快。

这正应了那句话，叫"踏破铁鞋无觅处，得来全不费工夫"。其实，小张之所以能够找到这家店面，并不意外。小张始终在寻寻觅觅，因而心里不停地呼唤着门面房的出现。正是因为强烈的意念，所以他不管走到哪里，都记得寻找和打听与店铺有关的事情。这样一来，他就理所当然地找到了这个店铺。看来，小张真是心之所向啊，信息大量涌到他的面前，他也就当仁不让地找到了理想的店面。

心理课堂

在生活中，我们所向往的一切事物都起源于我们的内心，它们先是在我们的脑海中出现，引诱我们不停地追逐它们。在这个过程中，不管是快乐还是伤心，不管是顺利还是坎坷，我们从未放弃过。这一切感受都来源于我们的内心深处。同样的道理，我们的幸福和信心也来自于我们的内心深处。

只要我们心向往之，我们就能搜集到更多关于成功和幸福的信息，也能掌握更多的通往成功和幸福的通道。

第04章

全心全意去做一件事：成功会为你而来

很多时候，我们往往会抱怨生活不公平，因为它非但没有赐予我们想要的，还剥夺了我们原本拥有的。没错，所谓造化弄人，命运的确常常化身为一个调皮捣蛋的小家伙，和我们开些没轻没重的玩笑，让我们哭笑不得，啼笑皆非。那么，我们一旦遭到命运的捉弄，就要一蹶不振吗？当然不是。不管什么时候，我们都不应该倒下，就像海明威在《老人与海》里所说的，一个人尽可以被打败，就是不会被打倒。只要我们勇敢地站起来，重头开始，继续不遗余力地努力，我们依然能够获得成功的机会。

持续的激情，形成最强吸引力

在生活中，细心的朋友们会发现一个奇怪的现象，即很多人虽然遭遇失败，但是却始终保持激情，从不放弃。最终，不管期间经历多少坎坷挫折，他们最终还是如愿以偿地获得成功。如果用吸引力法则来解释，就是因为他们坚持不懈的努力，帮助他们形成了超强的吸引力，使他们为自己吸引到想要的一切。从努力的角度来说，他们之所以能够最终获得成功，是因为他们的激情战胜了失败的沮丧，让他们在失败的时候也能保持旺盛的精力，战胜自我，超越自我，从而得到自己想要的成功。

何谓激情？所谓激情，就是一种短时间内强度非常高的情感状态。它非常猛烈，在转瞬之间爆发出来，诸如愤怒、恐惧、狂喜等，都属于激情的状态。和平日里的情感表达方式不同，激情的表现形式非常强烈，让人无法自制。为此，人们常常把激情与一时冲动联系起来，然而，激情又不同于一时冲动。归根结底，只要恰到好处地把握激情，就能让激情在我们的生活和工作中发挥积极的作用，甚至成为我们生活和工作的驱动力，帮助我们创造生命的奇迹。当激情被引入正途，发挥积极的作用，我们首先要做的就是保持持续的激情。唯有如此，激情才会变成稳定的内驱力，从而促使我们保持稳定的状态，最终形成强劲的吸引力。

作为“镭的母亲”，居里夫人享誉世界。她从小就受到父亲的影响，对科学实验表现出浓郁的兴趣。后来，她通过努力学习，在科学的道路上越走越远，还与法国的物理学家皮埃尔喜结良缘。从此之后，他们在科学的道路上携手并进，相互促进。

在科学探索和研究的道路上，法国物理学家贝克雷尔发现“铀射线”，引起了居里夫人的注意。居里夫人不断探索：铀射线的源头在哪里呢？当时，整个欧洲还没有科学家研究这个领域，因此居里夫人当仁不让地开始了对此项工作的研究。在皮埃尔的数次努力争取下，居里夫人拥有了一间狭小潮湿的实验室。当时，天气非常寒冷，室内温度只有6摄氏度左右，即便如此，也挡不住居里夫人进行科学研究的激情，她马上全身心投入到科学研究中去。经过反复的实验和推测，居里夫人最终提出放射性元素的概念。在皮埃尔的协助下，她最终发现沥青铀矿的放射性强度很强，远远超乎她的预料。最终，她提出了大胆的设想：在沥青矿物中一定含有新的放射元素，且这种放射元素的放射性作用更强。为了找到这种新的元素，居里夫人开始进行反复的实验。经过无数次实验和提取工作，他们终于找到了这种新元素。这种新元素比铀的放射性强400倍，这就是钚。居里夫妇没有就此停止。对科学实验的激情，促使他们再接再厉，发现了比钚放射性作用更强的“镭”。为了提取出钚和镭，贫穷的居里夫妇购买了很多提取铀盐之后的矿物残渣，试图从中找到他们想要的钚和镭。因为实验室的条件非常简陋，冬天很冷，夏天特别热，居里夫妇工作的条件极其恶劣。每次，居里夫人都费劲地搅拌20多公斤沸腾的矿物废渣，而仅能从中提取百万分之一的微量物质。在几年的时间里，他们提炼了几十吨矿物残渣，进行了高达几万次的提炼工作，才终于提炼出0.1克的镭，这对于全人类而言是振奋人心的好消息。

如果没有对科学工作的激情和热爱，在如此漫长而又艰难的过程中，居里夫妇很难坚持下来。这就是激情的伟大作用，它能够帮助我们形成超强的吸引力，最终得偿所愿。在生活和工作中，不管我们做什么事情，都离不开激情的促进和支撑。只有不忘初心，才能方得始终。从现在开始，朋友们，满怀激情地对待生活和工作吧，你们一定会有意外的惊喜。

心理课堂

没有激情，人们很难有勇气开始。只有充满激情，获得原始的驱动力，我们才能更好地面对未来，也才能在坎坷的生活之路上战胜层出不穷的困境，获取最终的成功。持续的激情，能够极大地发掘人内心深处的潜力，帮助人们突破自我，超越自我，实现自我。

坚定不移的信念，助你走上成功之路

支撑我们突破万难走到今天的是什么？除了信心、毅力和勇气，当然是信念。对于每个人来说，信念都有着不可取代的作用，它能支撑我们的灵魂。从某种意义上来说，你拥有怎样的信念，取决于你的人生观。人生观不同的人，往往人生的信念也不尽相同。如果你正准备做一件事情，又因为没有良好的判断而犹豫不决，那么信念会给予你源动力，帮助你做出最初的努力。由此可见，信念帮助我们迈出了走向成功的第一步。

当然，并非每个人都能在信念的支撑下最终获得成功。人生之中，没有一个人能够一帆风顺，更不可能轻而易举地获得成功。在通往成功的道路上，我们总会遇到这样或那样的困难，让我们甚至想到放弃。要知道，成功永远不会青睐半途而废的失败者。要想获得成功，我们就必须拥有坚定不移的信念，始终为了实现梦想而不懈努力。信念，不但是一种指引，一种源动力，也是一种追求，一种力量，更是一种鞭策和激励。信念，就像是我们在人生的海洋上航行时的灯塔，在我们遇到狂风暴雨失去方向时，永远为我们指明前进的道路。没有信念支撑的人，一旦遇到困难就会想到放弃，这也是很多人都一事无成的原因。相比之下，拥有信念的人，即使身处逆境，也能够鼓起勇气，再接再厉，永不放弃。信念，能够提升我们的心灵，让我们永远拥有自己的精神信仰。

随着人们越来越喜欢旅游，西藏也成了所有人心灵朝拜的地方。去过西藏的人都曾经看过，那些朝圣者每走一步就会长跪不起，五体投地，用身体丈量自己走过的每一步。这就是信念的力量。他们中不乏有人要这么走几个月的时间，但是他们却从不抱怨，更不敢有丝毫懈怠。似乎只有以这样庄严的仪式，才能表现他们坚定的心念和虔诚的灵魂。虽然有些人觉得这些朝拜者很迂腐，然而他们却是幸福的，因为他们拥有信念。

每当遭遇失败，人们常常用“失败是成功之母”这句话来安慰自己或者他人。殊不知，失败要想孕育成功，就要求失败的人必须拥有坚强的意志和坚定不移的信念。从这个角度来说，拥有坚强的信念，我们就成功了一半。

战国时期，苏秦出生在洛阳一个贫寒的人家。他自小胸怀大志，长大之后跟随鬼谷子学习游说，然而却一事无成，最终回到家里。看到苏秦在外多年却毫无收获，家人纷纷嘲笑他。甚至连妻子也讥笑他不务正业，只会耍嘴皮子。听到这些话，苏秦难过极了，也很羞愧。然而，他依然怀着游说天下的梦想。无奈之下，他请求母亲变卖家产，给他凑足盘缠再去周游列国。不想，母亲说：“我们都是老老实实种地的本分人，你怎么一心只想着凭借三寸不烂之舌去求得荣华富贵呢?！那些东西都是虚无缥缈的，如果你因此而误了一生，岂不是要后悔吗？”哥哥嫂子都笑话苏秦痴心妄想，苏秦自知自己一直以来既没有给家人做出贡献，也一事无成，因此更加羞愧。然而，他依然坚信自己能够名扬天下。为此，他整日躲在书房里看书，废寝忘食，不忘初心。苏秦经常鼓励自己：“我既然已经选择了读书这条道路，就应该凭借自己一身所学功成名就。不然，我的书不都白读了吗？”想到这里，他更加用功读书。为了缩短睡觉的时间，苏秦想出了一个好办法：读书时，用绳子把头发系在房梁上，这样一旦打盹，头发马上就会被牵扯疼痛，他也会当即醒过来。夜里的时候，他一边读书，一边准备了一把锥子，每当困意袭来，他就拿起锥子刺向自己的腿，利用疼痛帮助自己保持清醒。正是因为拥有这样必胜的信念，苏秦最终学有所成，功成名就。

很多时候，不是命运捉弄我们，总是让我们遭受失败，而是命运正在磨炼我们的意志，让我们形成坚定不移的必胜信念。只有坚信自己能够获得成功，我们才能在成功的道路上走得更远，才能更加接近成功。

心理课堂

很多人在做某件事情之前，就开始杞人忧天，总是担心遭到失败，甚至因此裹足不前。殊不知，要想获得成功，首先需要拥有坚定不移的信念。只有信念坚定，我们才能坦然面对人生之中遭遇的诸多苦难，战胜困难，成就自己。

专注力，是成功的必要条件

在小学阶段接触过凹凸镜之后，相信有很多朋友都曾经拿着放大镜把阳光聚集到火柴上，耐心等待火柴燃烧的那一刻。当看着火柴突然燃烧起来，我们小小的心里一定万分欣喜，因为这一切都是那么神奇。这是为什么呢？因为凸透镜把阳光聚集在一个点，因而产生了巨大的能量。实际上，做人做事也是同样的道理。大家都听说过小猫钓鱼的故事，小猫在钓鱼的过程中不停地跑来跑去，结果毫无收获。虽然这个故事适合于幼儿园的小朋友听，但是它揭示的道理却很深刻。我们不管是在生活中，还是在工作中，都应该培养自己专注的能力。不管做什么事情，唯有专注，才能帮助我们更好地集中精神和精力，全力以赴。如果说成功有什么诀窍，那就是集中所有精力到一件事情里。

毫无疑问，人人都渴望得到成功，然而，能够如愿以偿获得成功的人却少之又少。究竟我们哪里做得还不够，这是我们必须用心思考的。当天时地利人和都已经具备时，如果你依然与成功失之交臂，那就要反思自己是否集中所有的精神和心智，全力以赴地求得成功。曾经有一幅漫画，很好地向我们解释了做事情不专心的后果：有个年轻人非常渴，因此想挖一口井。然而，他刚刚挖了没多久，就放弃了，接着重新另选地点挖井。就这样，他接二连三地挖了四五个或深或浅的坑，都没有找到水源。而他呢？他丝毫没有意识到自己的问题所在，正在撅着屁股挖下一个坑呢！其实，如果他能集中所有的力量，把自己所挖的第一个坑真正变成一口井，那么他很快就能找到水源了。看到这幅画，聪明的读者朋友们一定会若有所思。很多时候，不是我们不够努力，也不是我们没有好点子，而仅仅是因为我们不够坚持。任何事情，浅尝辄止都是行不通的。唯有专注，才能成功。

对于专注，我国古代伟大的思想家荀子也曾做出论述："锲而不舍，金石可镂；锲而舍之，朽木不折。"这句话的意思是说，如果用刀刻东西，半途而废，即使是腐朽的木头，也无法顺利刻断；只要持之以恒，坚持不懈地刻下去，即使是坚硬的金石，也能雕刻成功。从荀子的话里，我们不难看出，专注的重要性。

如果不是因为专注和坚持，黛比也许现在依然是一名普通的家庭妇女，就不会有她遍布世界的成千上万家门店。黛比是如何获得成功的呢？其实，黛比最初的想法很简单，只是想做些事情获得经济来源，贴补家用。不过，她既没有雄厚的资金，也没有过人的本领，因此，她思来想去，决定做自己最擅长的现烤软饼干。说干就干，从想法萌生之后，黛比就开始联系行销专家，想请他为自己分析市场。当然，黛比之所以这么快就联系到这位行销专家，也是因为这位行销专家曾经亲口吃过她烤制的软饼干，而且对其评价很高。出乎黛比的意料，这位行销专家虽然还想吃黛比烤制的软饼干，却并不赞同黛比的创意。他说：“现烤的软饼干根本没有市场，我想大家不会买的，你的这个想法也没有实施的可行性。”虽然专家已经给出了专家的建议，然而黛比还是不死心。她又请教了很多专家，然而，这些专家根本没有耐心听完黛比的讲述，就赶紧摇头反对。黛比很明白，每个人在创业之初都会遇到这些所谓专家提出的困难。

为了寻求支持，黛比只好征询家人的意见，因为他们经常吃黛比烤制的软饼干，而且都非常喜欢吃。黛比想：他们一定会支持我的！遗憾的是，妈妈虽然理解黛比的苦心，却并不支持她的选择。妈妈说：“亲爱的，我不想让你每天都站在烤炉旁，况且，这么辛苦也未必能赚到钱。”婆婆呢，也马上以高八度的声音说：“得了吧，你从来就没做过生意。万一你赔钱了，还怎么生活呢！”家人也不支持黛比，这让黛比很苦恼。黛比只得向邻居、朋友等征询意见，不想，他们无一例外地表示反对，包括她的好朋友温蒂·马克斯在内，都对她的想法予以全盘否决。

尽管没有得到任何人的支持，黛比依然坚定不移地开了第一家现烤软饼干的店。这家店在开业当天，果然如大家所预测的那样，根本没有顾客光顾。原来，大多数人都选择在家里现烤软饼干。为了让大家品尝现烤软饼干的风味，黛比选择送饼干给过路的人免费试吃。当然，她还会就制作心得与顾客展开交流。渐渐地，黛比现烤软饼干店的生意越来越好，老顾客也越来越多了。黛比又开了第二家店、第三家店……如今，黛比的现烤软饼干店在全世界都有连锁店，而且生意都很火爆。

如果没有专注和坚持，就不会有黛比现在的成就。这就是黛比。她很自信，很执着，也很专注。她想好了自己要做的事情，就一心一意地去做，即使没有人支持她。这就是成功的精神。事实上，很多成功者都向我们展示了专注的力量，也告诉我们要想获得成功，就必须非常专注。

朋友们，你们在创业之初是否也像黛比一样，遭遇很多困难和挫折呢？面对亲人的不理解和朋友的反对，你们坚定不移地相信自己，并且努力去尝试了吗？很多时候，我们之所以与成功失之交臂，就是因为不够专注。从现在开始，让我们专注地对待自己的人生吧！

心理课堂

专注力，是我们获得成功的必要条件。如果缺乏专注力，我们就会像小猫钓鱼一样，三心二意，跑来跑去，最终导致一事无成。只有专注、努力、认真、坚持，我们才能距离成功越来越近。

拥有专注力的人，抗打击和挫折的能力也更强。因为他们把所有的精神和心力都集中在一处，所以更加全神贯注，更加抱着必胜的信念。这些条件，在通往成功的路上，都是相辅相成的。

一年之计在于春，一日之计在于晨

成功，除了需要有激情，有专注力，有坚定不移的信念之外，还需要什么？常言道，一年之计在于春，一日之计在于晨。这句话的意思是说，要想一年之中有个好的收成，一定要在一年开始的春天就做好规划；要想一天之中有个好收成，一定要在一天的开始清晨就做好计划。由此而见，计划对于我们每天和每年的生活以及工作的安排，都是非常重要的。计划是先行者，只有先做好计划，我们在具体实施时，才更加有目的性，有针对性，也才能加从容镇定。很多人做事情不善于提前谋划，总是走一步看一步，一旦遇到突发情况，马上就会措手不及，根本不知道如何应对。

如果把人生比喻成一次航行，那么我们每个人无疑都是掌舵的船长。人生的大海是那么辽阔，无边无际，要想最快度地到达目的地，并且拥有美景陪伴的航程，我们就要精心设计航行路线，这样才能既感受到过程的美好，也能顺利抵达目的地。相反，如果漫无目的地在大海上游荡，非但有无法到达目的地的危险，而且还可能会遭遇触礁等意外情况。要知道，人生的旅程中，没有人会遇到“芝麻开门”的宝藏。任何一点收获和得到，都必须我们付出相应的努力，也要求我们不遗余力地争取。我们既学过统筹方法，也知道专注的重要性，那么结合人生的实际情况，如何按照劳逸结合的原则安排好人生的进度，这才是最重要的。

常常有人抱怨命运不公平，殊不知，真正的强者应该把命运掌握在自己的手中。当你能够完全掌控自己的人生，你才成为真正的人生赢家。弗洛伊德曾说，人生就像在下棋，一旦走错一步，就有可能导致全盘皆输。然而，人生又和下棋不一样。下棋输了，还可以总结经验，重头再来。人生却只有一次机会，每个人都不能悔棋，更不可能重头再来。由此可见，规划对于我们的人生是多么重要。它至少能够最大限度地保证我们少走弯路，也帮助我们更加认清自己对于人生的思路。只有这样，我们在人生的航程中才不会失去方向，也才能更快地走向成功。

几十年前，有个小男孩降生在美国贫民窟的一个穷困家庭里。他从小在悲惨的社会底层长大，身体非常瘦弱。然而，他的志向非常远大，他立志要成为美国总统。对于大多数普通人而言，听到这样的想法时一定会笑话他痴人说梦，然而他却非常有计划。他清楚地知道成为美国总统的难度，因此他为自己制定了一个详细的计划：要想成为美国总统，首先要成为美国州长——要想竞选州长成功，就必须得到大力的经济支持——要想获得经济支持，就必须融入有钱人的群体中，成为他们的一员——要想融入大的财团，就必须借助于婚姻娶到一位千金小姐——要想迎娶富豪的千金小姐，就必须成为名人，博取千金小姐的眼球——要想出名，最便捷的方式就是成为电影明星——要想成为电影明星，就要练出一身的肌肉，变得阳刚且健美。就这样，他开始健身，并且走上了健美的道路。他想让自己成为全世界最健美的男人，果不其然，经过几年的努力，他凭着强健的身体和充满力量的肌肉块，成为健美先生。后来又进军美国好莱坞，在好莱坞打拼十年，成为屏幕上举世闻名的硬汉。

随着他的名声大噪，他也如愿以偿地迎娶了肯尼迪总统的侄女，跻身上流社会，融入有钱人的生活圈。在十几年的婚姻生活中，他和妻子恩爱美满，家庭幸福，并且生育了四个孩子。直到2013年，已经57岁的他告别影坛，成功当选美国加州州长。他，就是施瓦辛格。从施瓦辛格成功的历程来看，我们不难得出一个结论，他人生的每一步都在他的规划之中。从他的身上，我们印证了一句话：思想有多远，我们就能走多远。换言之，我们如何规划人生，我们就将拥有怎样的人生。

也许有人会觉得人生太漫长，充满了很多的不确定性和未知的变数。然而，就像跑马拉松一样，如果我们把人生看得遥遥无期，那么我们就很难有足够的体能坚持到底。相反，只有把马拉松全程分割成一个又一个小小的目标，逐个实现目标，我们才能鼓起勇气，不断地攀登高峰。计划就有这样的作用。当然，计划分为长期计划和短期计划。长期计划往往是需要长时间才能完成和实现的。短期计划呢，顾名思义，是在短时间内就能完成的。聪明的朋友会先设立一个长期计划，然后再把这个长期计划分解成很多短期计划，最后逐个实现。这样一来，人生就会变得更加可期。

心理课堂

不管是谁，对人生都应该有计划。没有计划的人生，就像是没头苍蝇一样四处乱撞，最终也无法实现目标，或者根本毫无目标可言。既然空虚也是一天，充实也是一天，我们为什么不尽早规划，充实地度过人生的每一天呢？！制定计划，不但能够帮助我们明确长期和短期目标，也能帮助我们捋顺思路，让我们更加清晰地度过生命中的每一天！

找准目标，才能执着不弃

每个人都渴望成功，然而，通往成功的道路上，注定要遭遇坎坷挫折。大多数人在困难面前都产生了退却心理，他们不再坚持，选择放弃，也就接受了失败。只有极少数人成功了，这是为什么呢？究其原因，这些凤毛麟角的成功者，全都有着明确的目标。

也许有人会说，在通往成功的路上，最重要的是努力，而不是制定所谓的高远目标。其实，这种说法是错误的。这么说的人，一定不知道明确的目标对人的激励作用。心理学家曾通过研究证明，明确的目标让人们更加坚定不移，在面对困难时迎难而上，不会轻易放弃。这样一来，就不能理解为什么大多数成功者都是目标明确的人了！一个人如果没有目标，就无法坚持跋涉过艰难的处境，最终来到成功的顶峰。既然明白了这个道理，我们就应该为自己制定明确的目标，并且以此激励自己不懈努力。

在发展的过程中，摩托罗拉公司的成功就得益于追逐目标。为了得到美国国家品质奖，摩托罗拉公司必须对产品提出更高的要求。尤其是当竞争对手多达66家公司时，摩托罗拉公司更是怀着必胜的信念，全方位提升产品和零配件的质量。所谓知己知彼，百战不殆。为了了解竞争对手，摩托罗拉公司还专门提前派出侦查小组，了解其他公司是如何获得这一殊荣的。最终，全体摩托罗拉公司的成员都面临着一个极高的标准：最大限度地降低工作中的错误率。

公司专门聘请了一批工人，主要负责审核产品质量，他们的薪酬与发现的错误成正比。在经过全体员工一段时间的努力后，公司把错误率降低了90%。这个数字让每一个人都倍感惊讶，然而摩托罗拉仍然需要进步。公司马上设定了新目标，对于移动电话的要求是把错误率控制在0.0003%。公司把这个目标印在卡片上，卡片大小恰巧可以放进皮夹子里。为了让员工发自内心地达标，公司还专门录制了录影带，以便让员工了解为什么要严格把错误率控制在0.0003%，而不是1%。就这样，等到开始评审时，摩托罗拉的产品质量已经达到了无人能敌的超高水平，当之无愧获奖。这么做的代价是什么？收获又是什么？

在产品质量得到大幅提升之后，摩托罗拉的利润增长了44%，这是有史以来的最高纪录。当然，公司的收入也增长了23%，这完全符合水涨船高的道理。虽然为了提升产品质量，全体员工做出了巨大的努力，但是回报也是异常丰厚的。这就是目标的激励作用。如果失去目标呢？失去目标，会让人茫无头绪，甚至失去坚持的毅力。1952年7月4日清晨，一个34岁的女子在加利福尼亚海岸以西21英里的卡塔琳娜岛上走进太平洋中。她准备游到加州海岸，以此挑战自己，也作为世界上第一个游过这个海峡的女子记入史册。她叫费罗伦丝·查德威克。在这次挑战之前，她曾经顺利地从英法两边海岸游过英吉利海峡，创造了世界纪录。

然而，这天的天气很不好，浓雾弥漫。浓雾使她的视线受到局限，海水也变得冰冷刺骨。她甚至无法看到护送她的船只，能见度特别低。其实，在注视着她的不仅仅是护送船只上的人们，还有无数守候在电视机前的观众朋友。有几次，鲨鱼想来骚扰她，但是护送人员开枪吓跑了鲨鱼。她就这样在浓雾中不知疲倦地游着，根本看不到海岸。她游了整整十五个钟头，浑身都被海水浸润得麻木了。她决定放弃，让护送船只上的人们拉她上船。这时，在另外一条船上的她的母亲和教练都在鼓励她，因为海岸已经近在咫尺。然而，她只能看到浓雾，坚持要上船。在她进入冰冷刺骨的海水里将近16个钟头时，她上船了。等她恢复体温，才感觉到失败的沮丧。她毫不犹豫地告诉记者："假如不是浓雾遮挡了我的视线，我想，如果能够看到陆地，我一定能坚持下来。"原来，就在她要求上岸的地方，距离陆地仅仅只有半英里。两个月后，在一个晴朗的天气里，她再次挑战，顺利游过海峡。

其实，对于查德威克而言，真正让她失败的，不是浓雾，也不是疲劳，更不是寒冷，只是因为她看不到目标。在又一次尝试时，她看到了陆地，因而目标明确，浑身都充满了力量。作为第一个游过卡塔林纳海峡的女性，她所用的时间比男性还缩短了大概两个小时。这就是目标的力量。

没有人喜欢在浓雾中穿行，因为这会让我们不知道自己置身何处。只有在清晰的视野环境中，我们才能随时观察周围的情况，也才能准确获悉自己距离目标还有多远。知道目标存在本身，对于我们而言就是一种激励。

心理课堂

只有目标明确的人，才能拥有坚定不移的信念和顽强不屈的毅力。很多时候，人们之所以放弃，并非是能力所限，而只是因为看不到未来和希望。目标恰恰能够帮助我们把目光看得更长远，从而让我们向着目标不懈努力，永不放弃！

强烈的驱动力，助你成功

毫无疑问，每个人在追求成功的路上，都要经历很多坎坷和挫折。如果我们能够战胜困难，勇往直前，最终获得成功，这些坎坷和挫折就会成为我们成功的佐证，成为我们炫耀自己历经艰险才获得成功的资本。然而，如果我们在挫折和坎坷中一蹶不振呢？那么，它们就会成为我们永远的绊脚石，不但让我们一生注定与成功失之交臂，而且还会让我们不敢再次尝试。为什么有些人能够战胜困难，有些人却总是轻易放弃呢？这主要取决于成功的驱动力。

所谓成功的驱动力，其实每个人都有很大不同。例如，有些人因为家境贫困，为了改变命运而不懈努力；有些农村的孩子为了摆脱命运的束缚，脱离农村生活而努力；有些人则是为了实现自身的价值而不懈努力……归根结底，由于每个人的情况不同，因此每个人成功的驱动力也是不同的。不过，要想获得成功，每个人都有一个共同点，即要有强烈的驱动力，才能百折不挠，直至成功。

林肯是美国总统，在当选总统之前，他的人生简直就是困难的堆叠。1832年，林肯失业了。他很积极，没有因为失业而一蹶不振，而是鼓起勇气参选州议员。然而，他竞选失败，只得再次开始创业。遗憾的是，命运似乎是在故意捉弄他，不管是从政还是经商，他都接连失败。一时之间，他的人生似乎走进了死胡同。他被逼无奈宣告破产，并且为此背负了沉重的债务。在此后的十几年时间里，他才还完这次创业导致的损失。不过，在这十几年间，林肯成功当选州议员，也算是得到了小小的安慰。

1835年，林肯的未婚妻突然去世，这个惨痛的打击让林肯一蹶不振，还患了严重的失眠和神经衰弱。即便如此，在经过两年的调养后，他再次站起来，于1838年到1846年间竞选州议会议长，还参与竞选了美国国会议员。毫无疑问，他又失败了。即便被失败打击得体无完肤，林肯也始终没有放弃希望。1846年，林肯参选国会议员并获得成功。这个消息让林肯非常高兴，然而厄运却接踵而至。他原本想争取连任，却失败了。转眼之间，十几年过去了，林肯始终在与厄运做斗争，从未缴械投降。直到1860年，林肯才当选美国总统，实现了自己的雄心壮志。

如果因为一次或者几次失败就一蹶不振，那么美国历史上就缺少了一位优秀的总统。林肯就像是我们小时候玩的不倒翁，不停地跌倒，爬起来，是强烈的成功驱动力在支撑着他。这样的林肯，精神一定是无比强大的。

在我国，也有很多因为驱动力最终获得成功的人。晋朝时期，车胤的家里特别穷困，连买煤油灯的钱都没有。然而，车胤人穷志不穷，他自幼就勤奋学习，特别喜欢读书。白天的时候，只要有空闲，他都会手捧一本书读。然而，到了夜晚，他家里根本没有煤油灯，他眼睁睁地看着宝贵的时间悄悄溜走，心急不已。随着他渐渐长大，他白天还要和父亲一起干活，维持家庭生活，因此夜晚的时间就显得更加宝贵。一个夏日的夜晚，他站在月光下读书，眼睛没多久就变得又酸又涩。突然之间，几只萤火虫飞过来，他不由得想出了一个好主意：虽然萤火虫的光非常微弱，但是假如捉很多萤火虫在一起，光就会变得稍微大一些。想到这里，他欢呼雀跃起来，赶紧奔回屋内找了一个绢布口袋。他抓了很多萤火虫放在绢布口袋里，果然发出微弱的光。就这样，每到夏季，他就以萤火虫为灯，发奋苦读。正是因为具有这样勤思好学的精神，车胤虽然家境贫苦，最终却学有所成，官至高位。

家庭出身并不能决定什么，只要我们有着远大的志向，有着强烈的成功驱动力，我们终有一天能够获得成功。常言道，事在人为。虽然成功需要客观条件，然而主观因素却起到决定性作用。看看家中一贫如洗的车胤，我们还有什么理由不努力呢！

心理课堂

现代社会，很多年轻人学业有成，却因为父母无力为自己提供更多的经济支持而抱怨。想想车胤吧，在那么贫寒的家庭里都能学有所成，我们和他比起来岂不是拥有更多。虽然成功需要外部条件的支持，但是更需要我们有着强烈的渴望和充足的斗志。从现在开始，不要再抱怨成功的条件不足，而要反思自身，你是否已经具备成功的精神和斗志？加油吧！

第05章

给予自己足够的信心：你会吸引来最好的自己

不管做什么事情，如果缺乏信心，我们就很难获得成功。由此可见，信心在每个人的生命中都是非常重要的。生活中，常常有些人觉得自己不够好，因而对自己特别挑剔，也很苛刻。其实，并非是我们不够好，而是我们没有足够的信心认可和欣赏自己。不管怎样，我们都是这个世界上独一无二的，如果一个人对自己都没有信心，又如何能让自己变得更加优秀呢？！必须拥有充足的信心，我们才能吸引来最好的自己。

相信自己，勇敢迈出第一步

生活中，有些人总是被那些小小的挫折和磨难打垮，根本不知道如何应对。与他们恰恰相反，有些人则是越挫越勇，当面对更大的困难时，他们反而斗志昂扬，永不服输。这是为什么呢？也许有人会说，前者心理脆弱，不堪一击，后者心理坚强，就像打不死的小强。其实不然。针对这种现象，曾经有心理学家进行脑电研究，以解开其中的谜团。研究结果证实，面对失败，那些相信自己，勇于自我肯定的人，更容易总结经验，再接再厉。而那些总是因为打击和挫折一蹶不振的人，都是没有强烈自我认可意识的人。他们总是犹豫不定地面对自己，甚至对自己产生怀疑。一旦遇到困难，他们首先从自己身上找原因，怀疑自己的能力，这样的人虽然表现出谦虚的品质，但是丝毫无助于战胜困难。

每次遭受失败，人们都会反思自己。有些人反思的后果是怀疑自己，不再相信自己；有些人反思的结果是努力改进自己，鼓起勇气，继续拼搏和奋斗。前者是因为他们更关注自己所犯的错误，而忽略了自身的优点和长处。的确，和优点相比，缺点更吸引眼球。我们不能因此就只盯着自己的缺点，要做到客观公正地评价自己，从而避免陷入沮丧绝望的情绪。对此，心理学家提出，要想重新塑造自我，扬起信心，我们更应该关注自己优秀的品质，它们是我们存在于世的脊梁和支撑。很多时候，我们必须进行自我肯定，这是完全有必要的。至少，这么做能保护我们的自尊，也能保护我们的自信。只有相信自己，我们才能鼓起勇气，迈出至关重要的一步。一切都必须开始，才能有所希望。

虽然已经有很多人都意识到自我肯定的重要作用，但是我们完全可以在这方面做得更好。如果一个人很善于进行自我肯定，那么他在受到威胁或者遇到困难时，就会承受相对较小的压力，也能够进行积极的自我防御和自我提升。为了解开自我肯定的谜团，美国克拉克森大学首席研究员丽莎·莱格特曾经和同事们进行过专项研究，以深入了解自我肯定为什么能有效缓解我们的焦虑，让我们表现得更好。最终，他们得出结论，自我肯定能帮助我们更加轻松地面对威胁，接受不好的反馈。正因为如此，它也能帮助我们更多地关注错误，让我们从情感上更加自然地接受这些错误。由此一来，我们才不会陷入自我否定的怪圈。

莉莉是个非常内向的女孩，在工作中，她的表现一直很一般。眼看着莉莉进入公司已经四年了，那些比她晚进公司的员工，其中不乏有人已经得到了升职加薪，莉莉不免着急起来。归根结底，她也希望自己在工作上的表现能够得到公司的认可，也希望给自己争取更大的舞台。萌生出这个想法之后，莉莉决定改变往日的状态，主动出击。

在公司的会议上，老总提出需要派一个经验丰富的工作人员，去分公司担任经理的职务。莉莉当然想去，然而她很犹豫：我能行吗？我能胜任这个职务吗？要是把工作搞砸了，我还回得来吗？当天晚上，莉莉就把自己的想法告诉了爸爸妈妈。爸爸听了之后很兴奋，他对莉莉说："女儿，你必须勇敢地迈出这一步，你要相信自己！如果连你自己都不相信自己，别人怎么会相信你呢？"爸爸的话让莉莉茅塞顿开，她决定为自己努力争取一次。当即，莉莉就写了一封自我推荐信，发到总经理的邮箱里。莉莉在推荐信里写道："我相信，我一定能行！"也许是这封充满自信的推荐信让总经理重新认识了默默无闻的莉莉，经过一番考量，总经理同意派莉莉去分公司任职。果不其然，破釜沉舟的莉莉一鼓作气，到分公司一年的时间里，就把分公司管理得井井有条。等到莉莉回总公司述职时，总经理简直不敢相信眼前这个精明干练的女子就是曾经默默无闻的莉莉。

莉莉成功了，因为她找到了自信，也证实了自己。每个人都有很大的潜力，很多时候，我们并非因为外在条件不满足而失去良机，只是因为缺乏自信。为了迎接美好的未来，也为了发掘自己的潜力，我们必须变得自信。只有相信自己，我们才能勇敢地迈出人生的第一步。不管成功还是失败，这第一步都与我们的命运息息相关。

心理课堂

不管什么时候，相信自己都是完全有必要的。正如莉莉爸爸说的，如果你自己都不相信自己，还能奢望得到别人的信任吗？！我们每个人都是独一无二的存在，只有相信，证实自己，我们才能更好地面对人生，面对未来。

相信自己一定能成功

每个人在做决定做某件事情之前，心里一定是忐忑的。他们不确定自己将会获得成功还是失败，因而总是摇摆不定。实际上，这样的状态才是最糟糕的。一个人对自己的质疑，会把他推进失败的泥沼。失败的原因不是他不够优秀，只是因为他不够自信，不够坚定。在做某件事情之前，我们必须拥有必胜的信念，告诉自己：我一定能成功。

作为世界著名的交响乐指挥家，小泽征尔始终非常自信。他相信自己能够获得成功，并且为此不懈地努力。有一次，小泽征尔报名参加优秀指挥家大赛，这是一场世界级的赛事，对于他的人生将起到重要的影响。只见他从容镇静地走上舞台，开始指挥演奏。他的乐谱是评委会提供的，按道理来说应该毫无瑕疵。然而，在演奏进行到一半时，小泽征尔突然敏锐地听到刺耳的音节。这绝对是不和谐的音符，起初，他以为是乐队演奏出错，后来进行重新演奏之后，他意识到肯定是乐谱错了。乐谱可是评委会提供的，小泽征尔要想质疑评委会，需要承受巨大的心理压力。虽然如此，他还是把问题向评委会提了出来，这时，评委会的成员们——他们全都是权威人士——异口同声地说是小泽征尔错了。小泽征尔沉思了一会儿，毫不迟疑地说："不，我没有错，一定是乐谱错了！"他的话刚刚说完，评委们就全都站立起来，为他鼓掌。原来，这是评委会故意设置的错误，只有小泽征尔一个人，不畏惧权威，坚持自己的想法，指出了乐谱的错误。

在面对评委会的诸多权威时，小泽征尔是多么相信自己啊。他进行了重新演奏，最终确定就是乐谱出现错误。在评委会的成员们异口同声指责他时，依然坚持自己的看法，坚持正确的判断。正是因为他相信自己一定能成功的信念，他才最终在大赛中夺得冠军。

虽然我们没有机会去世界级的比赛场上证实自己，但是，在生活中，我们也常常需要挑战自己，验证自己的判断。对于普通人而言，在做很多事情之前都会莫名地担忧，因为前途是未知的。有些人因为这份担忧，选择放弃尝试，彻底失去了成功的机会。有些人虽然鼓足勇气去尝试，心里却很忐忑，最终因为犹豫不决而错失良机。真正能够获得成功的人，一定都坚定不移地相信自己能获得成功，而且为此不懈地努力。

人们常说，失败是成功之母。每个人在成功之前，也许都会遭受失败的考验。尤其是在失败面前，我们更加需要坚定信念。否则，就会被失败打垮。

从本质上来说，相信自己一定能成功，其实是一种信念。正是因为这种信念的支撑，我们才能更好地面对未来，面对未知的前途。无论如何，我们必须真正展开行动，才能切实去做些事情，否则，前怕狼后怕虎，不管成功还是失败，都将与我们无缘。曾经有位名人说，和失败相比，原地踏步是更可怕的。如果把人生比作一场旅途，那么成功显然是莫大的进步。很多人不知道的，失败也是人生旅途中的进步。因为失败，我们知道了有一条路是行不通的，我们会找到自身的问题，完善自身，从而更好地面对未来。这样，当我们再次尝试时，成功的概率就会增高很多。所以，相信自己吧，相信自己一定能成功，你才有可能真正获得成功！

很久以前，有个孩子家里特别贫穷，他很小的时候就要跟随父亲去农田里干活。每当坐在田间地头休息时，他都会默默地看着远方。父亲问他："孩子，你在想什么呢？"他说："爸爸，我在想等我长大了，不要像你这样辛苦地种地，也不要像叔叔那样每天都得上班。我想待在家里，也有人给我钱。"父亲笑着说："傻孩子，别再白日做梦了。"后来，他上学了，从课本上知道世界上有个金字塔。回家之后，他告诉父亲自己想去看金字塔，父亲依然说他是白日做梦。十几年过去，他长大了，成为著名的作家。每天，他既不用种地，也不用外出工作，就坐在家里写作。每当有作品发表，报社和出版社就会给他寄来稿费。果然，他实现了自己的心愿，去埃及看到了金字塔。他看着雄伟的金字塔，在心里暗暗地说："爸爸，一切皆有可能。"他，就是台湾著名作家林清玄。

只要相信自己能够成功，人生就有一切可能！

心理课堂

如果我们在还没有努力尝试的情况下，就告诉自己什么也不可能实现，那么我们还怎么可能有动力去做呢？吸引力法则的魅力在于，只要我们形成强烈的意念，我们就会打造强力的磁场，让我们想要得到的一切都被吸引过来。既然如此，我们就要坚信自己能够获得成功，这样，我们才有可能通过努力真正成功！

看重自己，比什么都重要

人生，是一趟没有归程的旅途。看重自己，活得精彩，比什么都重要。生活中，很多人妄自菲薄，觉得自己既没有英俊的相貌，也没有显赫的家世，甚至工作也比其他人更卑贱，因此自暴自弃，自觉比不上任何人。由此，他们产生很深的自卑心理，不管做什么事情，都缺乏信心。长此以往，他的人生陷入恶性循环之中，总是不如意，总是更加糟糕。他们不知道自己哪里做错了，一味地抱怨命运不公平。殊不知，命运是公平的，他们错就错在把自己看得太轻，太渺小。如果人们能够改变心态，认为自己是这个世界上独一无二的存在。不管是美也罢，不管是丑也好，我们都是最独特的。我们不比别人傻，也不比别人呆，我们甚至比别人更聪明，那么只要努力，别人能做到的，我们当然也能做到。只要坚持，别人不能做到的，我们也能做到。这样一来，我们的人生怎么可能不精彩呢？！

看重自己，比什么都重要。只有看重自己的人，才不会自暴自弃，才会在苦难和挫折面前永远不放弃。不管我们在别人眼里怎么样，在我们自己心里，我们就是无可替代的那一个。对于成功，每个人都有不同的标准。也许因为我们生活的卑微，我们的成功也那么地微不足道。然而，不管别人如何不在意我们的成功，每当有了小小的进步，每当取得了阶段性的成功，我们都要更加认可自己。毕竟，一点一滴的进步，都是我们付出了汗水和泪水才换来的。这就是看重自己的人。他们有自己的世界，有属于自己的信心。

著名的演说家准备演讲。他大步走上演讲台，没说任何话，先拿出了一张百元钞票。他问：“我想把这张百元钞票送给一位朋友，谁想要？”他的话音刚刚落下，会场里就举起了很多手。他笑了笑，继续说：“我没有改变主意，还是想把这百元大钞送给一位朋友。不过，在送出去之前，我想做件事情。”说完，他使劲地揉了揉钞票，问：“谁还想要？”还是有很多人举手。只见他把钞票扔在地上，还踩了一脚，又问：“那么，还有人想要吗？”依然有人举手。此时，他用脚使劲地碾压这张钞票，然后将其捡起来展开。原本簇新的钞票变得皱皱巴巴，还很肮脏。不等演说家问，就有些人喊道：“没人要，我要！”演说家笑了。他这才开始正式演说：“在座的朋友们，不管我怎样对待这张钞票，也不管它变得多脏多皱，你们之中依然有人想要，这是为什么呢？因为它的价值从未改变。人生也是如此，每个人在一生之中都会遇到坎坷和挫折，只要我们的内心始终坚强，从不放弃，我们人生的价值也会像这张钞票一样，毫不贬值。相反，如果我们因此而一蹶不振，自暴自弃，那么我们就会失去人生的价值。聪明的朋友不难得出一个结论，人生的价值是由我们自己决定的。那么，你选择让自己成为无价之宝，还是成为一块没人看的破抹布呢？我想，答案在你们心里。”

这个演说家无疑告诉我们一个道理：我们必须看重自己，才不会贬值。人们常说，人生不如意十之八九。这句话的意思是说，人生总是会碰到逆境，甚至摔得鼻青脸肿，头破血流。要想人生不贬值，我们唯一能做的就是站起来，继续奋斗。如果我们就此跌倒在地上，那么我们的一生都会一蹶不振，也再无任何价值可言。

哭泣时，不如擦干泪水，试着欢笑；沮丧时，不如唱起欢快的歌儿；悲伤时，也许应该听听音乐，去郊外享受阳光；绝望时，想象曾经的得意和少年的张狂，也许人生会再次扬起风帆。无论怎样，都不要看轻自己，因为只有你看重自己，别人才会看重你。

心理课堂

人，最重要的是自信。自信，就像是人的脊梁。如果人没有脊梁，肯定无法站立。很多人总是盲目地羡慕他人，羡慕别人比自己长得漂亮，生在富裕的家庭，工作好收入高。实际上，这一切都根本无关紧要。也许你现在有很多方面比不上别人，但是只要你充满自信，始终自重自爱，努力奋斗，谁能说你不会在未来的某一天超过别人，成为别人的羡慕对象呢！

人们常说精气神，人要想活得精彩，最重要的就是有精气神。从现在开始，把自己看得更重一些吧。只有看重自己，你才能竭力实现自己的价值，给自己定立更高远的目标，从而实现自己的伟大志向！

你终会超出自己的想象

很多时候，不是我们做不到，而是我们没有想到。很多时候，不是我们不敢去做，而是我们不敢去想。很多时候，不是我们不够优秀，只是我们不敢大胆想象自己会有多优秀。归根结底，是心禁锢了我们。要想发掘自己最大的潜力，创造生命的奇迹，我们首先要做的就是天马行空地想象。要知道，人心可以比天空更高远，比海洋更辽阔，也会比针尖更小，比世界上最小的房间更逼仄。心，决定了我们人生的高远和开阔，也决定了我们的人生是否精彩和尽兴。

如果你曾经不敢想，不敢任由思绪像脱缰的野马一样天马行空，那么从现在开始，你就竭尽所能地去畅想吧。只要你敢想敢干，你终有一天会发现，你真的改变了。你不再畏畏缩缩，软弱怯懦，而是变得精神抖擞，志得意满。你还有什么不能实现的呢？你的精气神，让你拥有了强大的磁场，让你拥有强大的吸引力。最终，你不但能够实现自己的梦想，甚至还会超出想象，变得比想象中的更强大更成功。关于想象的力量，著名作家莫泊桑曾说：“生活不可能如你想象般美好，也不会比你想象得更糟糕。不管是坚强，还是脆弱，人都远远地超乎自己的想象。有的时候，我紧咬牙关走了很远的路；有的时候，我脆弱地因为一句话而满脸泪水”。沃克曼·赫夫也曾说：“除了你自己，没人能给你的自由设置界限。正是你画地为牢，才局限了自己的思维，阻碍了意识的发展。你，才是你最大的障碍”。

十年之前，他还只是一名普通的工人。他所在的工厂效益特别差，工资经常拖欠。他和妻子就带着八岁的孩子一起住在厂子的一间宿舍里，家里唯一的电器就是一台黑白电视。没过多久，厂子坚持不下去了，决定裁员。他得到裁员的消息后，非常担忧。虽然工资只有几百元，但是他们一家人好歹也能勉强维持生活。而且，如果被裁员，他连退休都没有了。想到这里，他让妻子拿出积攒很久的一百块钱，去商场买了两瓶好酒，拎着去了领导家里。领导遗憾地告诉他，他的确在裁员的名单之内。他哀求领导不要裁掉他，他还有家需要养呢！然而，领导表示非常无奈，因为这次是按照学历和工龄决定裁员名单的。换言之，像他这样的普通工人，厂子根本就不缺。他甚至跪着恳求领导，然而，领导真的没办法留下他。

他失魂落魄地离开领导家，觉得天都塌了。他很绝望，很担心妻子和女儿甚至连饭都吃不上了。他不敢想象以后的生活，每天除了喝酒，就是蒙头大睡。终于有一天，女儿生气地对他喊道：“那么多人没有工作，也能养活自己，你难道准备永远这么醉醺醺的吗？”看着女儿稚嫩的脸庞，他茅塞顿开，难道连孩子都能想明白的道理，他却想不明白吗？他开始四处寻找出路，听说广州那边最缺熟练的技工，他和妻子背起行囊，带着女儿来到了遥远的广州。十年之后，他再也不是一无是处的下岗工人。他有属于自己的工厂，住着豪华的别墅，开着进口的高级轿车。他的资产以数十亿计。每当回想往事，他都不胜感慨。如果不是当初工厂裁员，逼迫得他走投无路，拖家带口地来到广州，又哪里会有他的今天呢？！

人的潜力是非常巨大的，但是，人很多时候都习惯安于现状。这也极大地限制了人们的发展。就像事例的主人公一样，如果工厂继续发给他每个月几百元的工资，那么他一辈子都会过着默默无闻的生活。是生活的磨难，逼迫他不得不改变，寻求新的出路。最终，他才能成为人人敬仰的成功人士。

心理课堂

原来，在我们抱怨生活一成不变的背后，我们自己恰恰是罪魁祸首。人生最大的敌人就是自己，这句话真是至理名言。每个人都有着莫大的惰性，也不能做到主动地改变生活。虽然人人都渴望生活幸福美满，但是人人都不愿意改变现状，不愿意冒险去尝试，导致故步自封，一辈子被困在自己的既有思维中。

要想获得成功，我们必须有勇气改变现状。一旦迈出了第一步，你会欣喜地发现，很多事情并不像我们想象中那么艰难。一切，都从开始那一刻，变得简单，变得顺理成章。

一日三省，帮你成就完美

春秋时期，曾参拜孔子为师，跟随孔子学习。曾参非常勤奋，悟性很高，孔子很喜欢他。同学们纷纷问曾参是如何做到进步这么快的，曾参说：“每天，我都会问自己好几次，你是否尽心尽力地帮助他人，是否真诚地对待朋友，是否掌握了老师传授的知识。如果答案是否定的，那么我就及时改正，完善自己。”从此，“吾日三省吾身”这句话流传至今。朋友们，你们是否也曾每天都反省自己呢？如果你没有这个好习惯，那么就从现在开始养成这个好习惯吧。一日三省，能够帮助我们更加客观地审视自己，也能够帮助我们及时发现缺点，改正自身。从心理学的角度来说，反省自己，就像是牛吃草之后反刍一样，能够帮助我们更好地消化所学的知识，也能帮助我们更加趋于完美。只有反省，我们才能跳脱出来，以旁观者的角度审查自己。很多事情在发生的时候，因为没有充足的时间思考，所以当事者往往非常仓促匆忙。反省，则给了我们充足的时间，让我们在事情过去之后的不久之内，更加理智地反思自身。

反省和检讨不同，检讨是针对错误进行的，反省则不但针对错误的言行，也针对正确的言行。所谓有则改之，无则加勉，就是对反省最好的诠释。反省，也不同于忏悔。忏悔之人，往往犯了非常严重的错误。反省不仅针对错误，也针对我们在日常生活中的言行。习惯于反省的人，每天都能发现自己的进步之处和不足之处，因而能够做到扬长避短，及时改进。当看到自己进步很大时，千万不要得意忘形，而应该再接再厉。当看到自己有了失误时，则应该当即进行改正。反省的人，怀着一颗冷静理智的心，能够坦然面对世事和得失。

遗憾的是，生活中的很多人对待别人是高标准、严要求，对待自己则是非常宽容。别人犯了错误，他们马上就会严厉地指出来，而当自己犯错误时，他们则会找出各种借口和理由搪塞，为自己开脱。这恰恰与反省的意识是截然相反的。真正的反省，是对他人宽容，对自己严格。

曾经有个年轻人非常乐于助人。每当朋友或者身边的人有了困难，他总是第一个帮助他们。有一次，这个年轻人自己也遇到了困难。他走投无路，突然想起自己曾经帮助过很多人。因此，他挨个登门拜访这些人，希望他们也能够帮助他。然而，这些朋友全都对他避而不见，即使听他诉说了困难，也表示爱莫能助。年轻人非常生气，愤懑于心。为了排遣心中的苦闷，他去找一位智者，向他诉说苦恼。

听完年轻人的诉说，智者说："你乐于助人，当然是积德行善的好事。然而，现在好事已经变成坏事了。"年轻人很困惑，问："为什么我帮助了别人，还是坏事呢？"智者说："首先，你帮助的人都是缺乏感恩之心的人，所以他们才对你的困境视而不见。其次，你帮助了别人是舍，不应该再去索求。只有以平常心帮助他人，你才是真正的积德行善。奢求回报的帮助，不是真心无私的帮助。"听了智者的话，年轻人豁然开朗，再也不郁闷了。

在帮助他人之后，面对他人的不知感恩，年轻人很生气。殊不知，他在这件事情里也并非完美。在经过智者的点拨之后，他才豁然开朗，意识到自己也应该进行反省，从而改进自身。相信，年轻人以后在帮助他人时，一定会更加宽容豁达，更不会在得不到回报时一味地抱怨。

不管是平常的日子，还是遇到想不开的事情，我们都应该学会反省自身。俗话说，金无足赤，人无完人，每个人都会存在一定的瑕疵。我们必须反思自身，才能更快地进步，成为自己所期望的样子。

心理课堂

反省自己，站在客观的角度反思心灵，是一种高贵的品质，更是人生的必修课。面对赤裸的灵魂，我们是选择让自己变得更加清净澄澈，还是选择蒙蔽自己的眼睛和心灵，继续任由自己放纵下去。就像一双白色的鞋子，在行走的过程中难免会沾上污渍。我们只有及时清理鞋子，才能保持鞋面的清净整洁。这需要勇气，承认自己不那么完美，还有待完善。

智慧通达，是每个智者都想实现的人生目标。然而，智慧很容易做到，通达却很难。真正的达观者，不但能坦然正视和认可自己的优点，也能以更加理性的态度面对自己的缺点和不足，及时改进，让自己趋于完美。

好习惯让你拥有一生的好运

在成长的过程中，每个人都会接受教育。当然，这里所说的教育不仅仅指学校的传统教育，也包含父母对孩子的教育、孩子在生活中得到的经验，等等。教育的目的是什么？在孩子年纪还小的时候，教育的目的并非为了灌输知识，而是帮助孩子养成良好的习惯。家庭理所当然成为当之无愧的第一课堂，只有养成好习惯，才能拥有一生的好运气。

父母是孩子的第一任老师。良好的家庭氛围，将会对孩子一生的成长形成重要的影响。正如一位名人所说，习惯决定命运。因此，在我们成长的过程中，应该有意识地培养自己的好习惯。例如，自信、积极乐观、坚韧不拔，这些都是通往成功路上的好习惯。一个拥有正向好习惯的人，因为凡事都能遵循一定的法则，因而总是充满信心，也因而形成巨大的磁场，形成超强的吸引力。从这个角度来看，好习惯能够决定人一生的命运。

很久以前，有位父亲特别喜欢喝酒。他每天工作之前，都会去酒馆里喝杯酒，这已经成为不能改变的习惯。一个冬日的早晨，刮着猛烈的风，鹅毛大雪铺天盖地而来。不过，这丝毫不影响他喝酒的兴致。他和往常一样向酒馆走去，然而，走了没多久，他就感觉到身后似乎有人。他转过身，发现9岁的儿子正踩着他留在雪地中的脚印，跟在他的身后。看到爸爸发现自己了，儿子兴致勃勃地喊道："爸爸，看，我正踩着你的脚印呢！"孩子的话如六月惊雷，让他心中受到了极大的震动。他想："天啊，我居然把儿子带到了酒馆。我可不能让儿子的一生和我一样，每天都有一个醉醺醺的开始。"想到这里，父亲改变线路，径直走到工厂。在工厂门口，他语重心长地对儿子说："宝贝，你看爸爸，必须辛苦努力地工作。你长大之后，也要勤奋工作啊！"儿子点点头。

从此之后，他彻底戒掉了早晨喝酒的坏习惯，因为他不能把这个坏习惯传承给儿子。

幸好父亲发现儿子跟在他的身后，不然，儿子也会认为在工作之前必须去酒馆喝杯酒。纵观历史长河，所有成功的伟人都有着良好的习惯。尤其是，他们都从父母那里，得到了最宝贵的精神财富。那么，父母如何培养孩子的好习惯呢？对此，叶圣陶老先生曾经说，“用最简单的一句话来阐述，教育就是要养成好习惯。”这是教育的第一要义，也是我们培养孩子的第一要义，更是我们应该遵循一生的规则。

曾经有个人听说一片海域盛产钻石，因此孤身一人来到海边，每天都在海边捡石子，想要有朝一日捡到钻石。他不停地捡啊捡啊，每次捡起来都只看到石头，因此毫不犹豫地扔回海里。有一天，他突然捡起来一块硕大的钻石，然而，也许是因为习惯的作用力吧，他居然看了一眼之后就毫不犹豫地将其扔到海里。等到他回味过来那块石头与众不同时，钻石已经被海浪席卷着进入大海的深处。不管他怎么懊悔，也再也寻不回来了。

如果我们养成坏的习惯，就会循着惯性的作用，与生命中最宝贵的机会失之交臂。由此可见，好习惯是多么重要啊！即便今日我们已经长大成人，也依然需要极强的毅力才能约束自己。如果我们能够一鼓作气，养成良好的习惯，那么我们就能在人生的道路上走得更稳健，也更容易获得成功。

心理课堂

拿破仑·希尔说：“播种行动，你会收获习惯；播种习惯，你会收获性格；播种性格，你会收获命运。”由此可见，我们要想拥有成功的人生，活出属于自己的精彩，就必须以坚强的毅力，养成让我们受益一生的好习惯。

吸引力青睐勇于挑战的人

每个人在生命的历程中都会经历坎坷和挫折，只有排除万难度过这段艰难的岁月，我们的生命才会拥有更多的经验和反思，也因而变得更加厚重。生命中收获最多的阶段，往往就是最难挨、最痛苦的时候，因为它迫使你重新检视反省，替你打开了内心世界，带来更清晰、更明确的方向，更能超越自我。也正因为坚持和不放弃，你才能在逆境中更茁壮地成长，更坚持更努力，也更容易抓住机会，超越自我。

在突如其来的灾难面前，有多少人能始终保持坚强勇敢和积极乐观的心态，又有多少人能面对困难迎难而上，永不屈服呢？针对人们在灾难面前的心理，意大利心理学家曾经进行了研究。他们以一群由于意外而导致瘫痪的人为研究对象，对他们进行了心理调研。这群人都非常年轻，原本有着健康的身体和活力四射的生活，然而他们却被突如其来的灾难袭击，导致肢体不能运动，只能坐在轮椅或者躺在床上度过未来的余生。他们之中，也许曾经有人不堪压力甚至想到轻生，也有人因为灾难一蹶不振，然而，他们最终熬过了这段命运的艰难时刻，选择更好地面对未来的生活。他们表示：对于人生而言，那场意外灾难也许是最有启迪意义的生命转折点。在灾难之后，他们的人生并没有因此戛然而止，而是因为灾难，他们进行了更加深刻的思考，也重新审视生命。他们向命运发起了挑战，没有丝毫屈服。因为他们顽强不屈的意志，命运再次给予他们恩赐，让他们掀开人生的新篇章。

吉利曾经是个非常强壮的小伙子，每天都生龙活虎的，似乎有着无限的生命力和无穷的精力。在21岁那年，吉利骑着摩托车在公路上风驰电掣，突然被一辆拐弯的货车撞倒。从此之后，他的人生失去了双腿，他的腰部以下彻底失去了知觉，只能依靠轮椅行动。吉利被这个灾难击垮了，他哭过闹过，想过自杀。然而，在一切激烈的情绪过后，就像是海面在经历暴风雨后的平静，吉利恢复了冷静和理智。他认真地想：我的一生要怎样度过，难道从此就一蹶不振吗？吉利开始做自己曾经不以为然的小事，包括吃饭、穿衣、洗漱等这些原本轻而易举就能做到的事情，他也必须竭尽全力去学习，才能做到基本自理。在这些艰难的学习过程中，吉利获得了新生。原本，他的工作是加油站的工人，每天除了工作，就是和朋友在酒吧鬼混，和形形色色的女孩谈恋爱。然而，自从车祸之后，吉利改变了。在能够自理之后，他选择重新拿起书本，去学校读书。经过几年全心全意的学习，他甚至考上了大学，拿到了硕士学位。毕业后，他努力地锻炼身体，让自己变得强壮，而且给自己找了个兼职会计的工作。如果不是双腿不能灵活自如地活动，吉利的人生显然比之前好多了。

没有人能完全地掌控自己的生命，因为生命本就是无常的。我们唯一可以掌控的，就是我们自己的思想和我们的意识。不管遇到怎样的坎坷和挫折，我们都可以决定自己是被打倒还是被打败。就像《老人与海》中的老人，尽可以被打倒，但是永远不会被打败。这是因为他有坚定不移的信念作为支撑，也有永不向命运屈服的决心。在经历岁月的沉淀之后，我们再回首往事，会发现曾经以为无法渡过的苦难关头，原来只是生命给予我们的考验和馈赠。正是因为它们的曾经出现，我们的生命才更加丰盈厚重。

心理课堂

命运，不管何时，都掌握在我们自己手中。与其在灾难面前缴械投降，不如勇敢地跨越灾难，成就自我。要知道，命运总是青睐勇敢的挑战者，而摒弃那些畏畏缩缩的懦夫。要想在命运的波浪中成为无所畏惧的弄潮儿，就要勇于挑战。在没有机会的时候，主动出击寻找机会。在灾难来临的时候，坦然面对，随遇而安。生命充满着奇迹，我们要有创造奇迹的勇气和魄力！

敢于重头再来，才能超越自己

在一生之中，哪个人不曾经历失败。很多人失败之后，牢骚满腹，抱怨连天，再也不敢尝试，甚至因为一次失败一辈子都一蹶不振。这样的人，绝无可能获得成功。有的人呢？即便经历了无数次失败，依然满怀信心，从不放弃，最终守得云开见月明，获得成功。这就是每个人的人生风景不同的原因。举个最简单的例子，两个人一起去爬山。他们在半山腰时，不小心摔了一跤。其中一个人坐在地上呜呜哭泣，再也不敢往上迈步，那么他只能选择下山。另外一个人呢，忍着疼痛，努力地往上爬，即使遇到再多的困难，即使手脚并用，也没有放弃。最终，他爬到了顶峰。下山的人再也没有机会领略山顶的风景，只有抵达山顶的人，才能更加一览众山小，从此人生有了不同的天地。虽然人生是漫长的，很多人都觉得有无数次机会可以改变人生，实现梦想，然而真实的情况是，人生是没有回头路可走的。很多机会，一旦错过，一生就将不同。

有些人在遇到挫折时，会怀疑自己的能力。古人云，天时地利人和。其实，很多事情能否成功，虽然很大程度上取决于我们的意念等，但实际上，还要依靠外界的条件。如果仅仅是我们有着强烈的意念，但是其他条件都不合时宜，也是很难成功的。归根结底，我们只能尽力而为，却不能强求事情的结果。既然失败并不是完全归咎于我们，那么何不在失败之后，等待合适的时机重头再来呢？要知道，一切事情皆有可能，只要我们永不放弃。

在遭遇挫折时，切勿慌乱。只有保持清醒的头脑，冷静地面对现实，不逃避，不躲避，挺起胸膛勇敢承担，才能更加深刻地剖析失败的原因，为成功打好基础。要记住，这个世界上没有永远的困难，也没有无法解决的难题。只要怀着一颗充满希望的心，不懈地努力，我们就能最终战胜困难。如果说人生是一块画板，那么困难则是一种颜料。就像一幅画不可能都是轰轰烈烈的红色一样，人生也会有淡淡的蓝色和压抑沉重的黑色。正因为这些颜色的存在，人生才变得五彩斑斓。从头开始，也许会付出更多的心力，然而却给了我们一个完美的开端。既然如此，不要因为曾经的心血都打了水漂而伤心哭泣吧，你要做的是笑着迎接灿烂的未来。

举世闻名的发明家爱迪生只上过三个月的小学，甚至因为勤学好问被老师误以为是低能孩子。他正是凭借不懈地努力学习，最终才走上发明创造的道路。爱迪生有个实验室，他一生之中的发明不计其数。爱迪生对人类最大的贡献是，他发明了电灯，为全世界的人民都带来了光明。1821年时，英国的科学家法拉第和戴维发明了电弧灯，只能亮很短的时间。为了改进这种灯，延长它的发亮时间，爱迪生尝试用各种材料作为灯丝。

他先是用传统的炭条，然而一通电就被烧断了。后来，他又尝试用各种金属丝，也承受不了电流的作用。就这样，爱迪生不停地实验，尝试了一千六百多种材料。毫无疑问，他都失败了。一千六百多次失败的打击，并没有让爱迪生放弃希望。就在很多专家都对电灯的问世感到绝望时，爱迪生依然坚持不懈。他想，正是这无数次的失败，才让他离成功更近。曾经，爱迪生居然想用老友的胡须当灯丝，老友欣然剪下一绺胡须给爱迪生。然而，结果依然是失败的。后来，爱迪生还尝试用棉线等各种材料，进而想到用炭化棉线作为灯丝。让所有人都高兴的是，经过六千多次失败的实验，试遍了七千多种材料，炭化棉线真的发出了柔和的光线，给实验室带来了爱迪生梦想之中的光明。后来，爱迪生又找到竹丝，果然比炭化棉线效果更好。此后，人们一直用竹丝作为灯泡的灯丝。直到几十年后，人们才发现钨丝，取代了竹丝。

如果爱迪生在尝试了几百种材料后就因为失败的打击，偃旗息鼓，不再寻找合适的材料作为灯丝，那么也许光明还会在很多年后才能来到人世间。幸好，爱迪生在失败面前始终满含希望，相信自己终有一天一定能找到合适的材料作为灯丝。这样，人间的夜晚才有了光明。

心理课堂

人生就像五味瓶，五味杂陈。人生又像是大海，时而风平浪静，时而阴雨遍布。不管遇到多少困难，我们都应该有从头开始的勇气。这样的人生，才永远都是开始，永远不会落幕。

人生中真正的强者，不是那些生而优越的成功者，而是在困难和困境中，不管从头再来多少次，依然坚挺着不愿意放弃的人。

第06章

打造个性魅力：获得让别人喜欢自己的能力

人际交往的过程中，我们往往会说人和人需要缘分。究其原因，缘分并非是天生的，很多时候缘分也需要我们自己去争取。在现代社会，人际关系已经上升到前所未有的高度。我们只有搞好人际关系，才能给自己的生活和工作带来更大的便利，更多的机遇。既然如此，何不打造个性魅力呢？这样，你才会更受欢迎。

人格魅力，你不可缺少的成功要素

正所谓，这个世界上没有完全相同的两片叶子，这个世界上也同样没有完全相同的两个人。也许有些双胞胎的长相非常相像，然而了解他们的人却知道他们的不同。这仅仅是就长相容貌而言，至于性格，更是千人千面。总而言之，每个个体的存在都是独一无二的，与众不同的。随着整形美容业的发展，越来越多的人选择整容，以弥补自己长相上的缺点。其实，这么做是完全没有必要的。你就是你，何必要有张曼玉的鼻子，林志玲的嘴巴呢？一旦你集合各路女星的美貌于一身，你也就不是你了。从这个角度来看，我们应该爱惜自己的容貌。古人云，身体发肤，受之父母。不管是美还是丑，我们的存在都是父母辛勤抚育的结果，理应为自己喝彩。尤其是当我们尊重和喜爱自己时，我们会发现自己的优点和缺点，从而更好地成就自己，真正成为自己。

作为人格魅力，是人各方面综合素质的集中体现。人的性格气质、能力秉性、道德品质等，都关乎到人格魅力的养成。要想形成独特的人格魅力，最终形成超强的吸引力，我们就必须从多个方面综合提升自己，让自己成为能够得到他人认可和赞赏的人。由此一来，吸引力也就自然而然地形成了。纵观历史，有很多伟人之所以一呼百应，就是因为他们有着超强的人格魅力，能让大多数平庸的人死心塌地地追随他们，响应他们的号召。这就是吸引力的巨大作用。虽然我们未必会有那些伟人一样的成就，但是在我们平凡的一生中，要想有所成就，也应该拥有自己的人格魅力，从而让更多的人环绕在我们身边，为我们所用，这样才能更快地走向成功。

作为美国的第一任总统，华盛顿曾经在美国独立战争中担任陆军总司令。对于华盛顿，美国人民用三个“第一人”来评价他，即“战争时期第一人，和平时期第一人，同胞心中第一人”。从这三个“第一人”，我们不难看出华盛顿在美国人民心目中至高无上的地位。那么，是什么让他得到如此至高无上的荣誉的呢？这并非是因为华盛顿的地位，也并非是因为他的权力，而是因为他与众不同的人格魅力。正是人格魅力的作用，使得他拥有极强的吸引力，不管是处于乱世还是在和平年代，都深得人民的拥护和爱戴。

在战乱之中，华盛顿始终身先士卒，不顾自身的安危，率领将士们冲锋陷阵，浴血奋战。美国人民的独立事业之所以能够取得成功，华盛顿功不可没。在和平年代，华盛顿成为美国的首任总统，并且获得了连任。在第二任任期结束时，虽然人民对他的呼声很高，但是他却自愿放弃职位，不再继续任职，紧接着归隐田园，成为普通民众。

尽管如此，他独特的人格魅力却始终在人们的心中熠熠闪光。在也许会与法国开战之际，亚当斯总统亲笔写信给华盛顿：“假如您同意，我们一定会以您的名义，因为您的威名令敌人闻风丧胆。”可以说，华盛顿这个名字已经成为一种标志，不但深受本国人民的爱戴，也让敌人闻之心惊胆战。对此，华盛顿曾经说过，“我愿意保持我的品质，它比一切头衔都更让人心生羡慕，哪怕为此付出我所有的美德和勇气”。从这句话不难看出，华盛顿对自己的人格要求特别苛刻，也很在乎自己的人格魅力。正因为如此，他才能在美国民众间一呼百应，获得成功。

有些人非常幸运，他们似乎生来就具有与人交往的能力，总是能够轻轻松松地与他人打成一片，获得他人的认可和赞赏。他们不管是说话做事，都恰到好处，让人无可指责。相比之下，有些人则没有这么幸运。他们在人际关系方面显得比较迟钝，必须非常用心，才能有效改善自己的人际关系，并且极力表现，才能赢得他人的关注。实际上，造物主不会厚此薄彼，人们总会各有所长。不管是天生的，还是后天努力习得的，我们都应该拥有独特的人格魅力，进而增强自己的吸引力，走向成功。要知道，人格魅力就像是撬起地球的支点，也能帮助我们赢得成功。

心理课堂

要想形成独特的人格魅力，首先应该学会微笑，保持心情愉悦平和。现代社会生存压力越来越大，很多人都像是塞满了火药的炮仗，恨不得一下子炸掉。实际上，平和愉悦的人更能得到他人的喜爱，也更容易使人际关系和谐融洽。其次，还应该有信心。试想，如果一个人整日在你面前抱怨，向你传递负面能量，那么你还愿意和他交往吗？现代社会的每个人都在积极地寻求正能量，我们也倾向于接近正能量，吸纳正能量。所以，不管什么时候，都要充满信心。最后，还应该真诚。真诚是人际交往的基础，而你所谓的人格魅力，就是体现在他人对待你的态度上。这就要求我们先要以真诚的态度对待他人，这样才能赢得他人的喜爱和尊重，从而实现自己人生的梦想。

好形象，才能形成强大吸引力

什么叫形象？所谓形象，从广义上来说，是一个人的言谈举止、音容笑貌留给他人的印象。从狭义上来说，指的是一个人的容貌长相以及穿衣打扮。好的形象，能够帮助我们迅速打开局面，形成自己的风格，也给他人留下深刻的印象。当然，不好的形象也能给他人留下深刻的印象，但是却给个人的发展造成了局限。虽然以前人们常说酒香不怕巷子深，但是在现代社会，越来越多的人意识到形象的重要作用。很多大学生在毕业找工作之际，都会买一身质量比较好的职业套装参加面试，这样一来提升自己的印象，二来也给面试成绩加分。再看看市面上那些琳琅满目的商品，哪一个不是精心找设计人员设计过，并且经过隆重包装才推出来的呢？！对于个人来说，形象就是自己的名片，能够让人一眼就看出你的品位和气质。对于商品来说，经典的形象就像是金子招牌，不管走到哪里，都能让人一眼认出来。由此可见，我们完全有必要提升自己的形象，让自己成为人生的“金字招牌”。一旦提升了形象，形成了自己的品牌，我们就会拥有强大的吸引力。例如，格力董事长董明珠，就是格力的形象代言人。作为一个中年女性，她自信满满、从容淡定的笑容，为格力打出了一张漂亮的招牌。当然，我们大多数人可能没有机会代表一个品牌和一家知名企业，但是我们完全可以成为自己的品牌，为自己代言。现代社会，不管做什么事情都离不开合作。我们投身于社会关系网，必须和各种各样的人打交道，也必须与他们形成合作。为了维护良好的合作关系，让彼此之间的合作更愉快，我们就必须凭借自身的交往符号得到他们的认可和认同。那么，我们的形象就是我们的交往符号。当我们得到更多人的接受和认可，我们相应地就会得到更多的发展机会和机遇，从而得到更好的发展，直至获得成功。

综合来说，好形象拥有三个方面的作用。首先，好形象具有更强大的形象吸引力。很多女孩都喜欢逗几个月的小婴儿玩。试想，现在有三个婴儿坐在你的面前，一个流着鼻涕和眼泪，小脸蛋脏兮兮的，衣服也皱皱巴巴；一个穿着普通的衣服，面部表情呆滞；还有一个一见你就笑，还张开手臂让你抱，最重要的是他的小脸蛋白白净净，粉粉嫩嫩，而且还穿着可爱的小裙子。那么，你想亲近其中的哪一个？毫无疑问，你一定喜欢第三个婴儿，而不会毫不犹豫地抱起第一个婴儿。这就是好形象的吸引力。这个道理同样适用于成人社会，人们往往倾向于和形象更好的人打交道，从而心理上对其产生亲近感。这是社会和文化发展的必然结果，也是人们情感的自然取向。其次，好形象还具备识别功能。这里的形象是广义的形象，它无声地告诉人们你属于社会的哪个阶层，也表明了你的出身和身价。最后，好形象还有归类作用。常言道，物以类聚，人以群分。在人际交往的过程中，人们总是情不自禁地根据对他人的第一印象，对其进行自动归类。那么，你想让他人把你归入哪一类呢？你想进入哪一类，就要用心打造自己的形象，符合哪一类人的共同特点。

喜欢篮球的人，对乔丹都耳熟能详。他不管是在“公牛”队，还是在“奇才”队，表现都可圈可点。他高超的球技，为他赢得了无数球迷的喜爱。即便是在离开球队之后，乔丹的形象依然有着强烈的感召力和感染力。无数产品找他代言，因为他的存在就在告诉人们：信我的，准没错！这也是无数厂商花费重金聘请乔丹代言的原因，乔丹的形象就是一张金字招牌，拥有强大的吸引力，为他们的产品吸引来巨大的市场份额。毫无疑问，乔丹的形象不但是一张金字招牌，也是巨大的无形资本。当然，我们未必能够像乔丹那样尽人皆知，然而，在我们生活的小圈子里，我们也应该像乔丹一样，把自己的形象打造成品牌，这对于我们的人生之路有着莫大的好处。

随着人们越来越重视形象的重要作用，人们也越来越关注形象的打造。要知道，形象的好坏不仅关系到我们能否得到他人的认可和尊重，也影响到我们的社会影响力，甚至还与我们事业的成败得失有着紧密的联系。值得欣慰的是，越来越多的单位要求从业人员在工作期间穿正装，很多大学生在参加重要的面试时，也会非常关注自身的形象。这样的趋势，更加使得不关注自身形象的人无路可走，也就反逼他们更加关注职业形象。这就是形象的巨大魔力。不管你是谁，从此刻开始关注自己的形象吧！

心理课堂

良好的形象，让人情不自禁地想要亲近和托付。只有当你的形象经得起职场的考验，你才能得到领导更加信赖的托付。尤其是对于自我创业的年轻人来说，如果形象不过关，就无法顺利推销自己的产品，也就无法更顺利地走向成功。

好的形象有更强大的吸引力，从现在就开始打造属于你的独特形象吧！

第一印象，是你叩开他人心扉的敲门砖

什么叫第一印象？顾名思义，第一印象就是在见他人第一面时，给他人留下的印象。曾经有科学家经过研究证实，第一印象形成的时间非常短暂，但是其影响力却难以消除，会给人们后来的交往带来深远的影响。从心理学的角度来说，第一印象完全符合“首因效应”的心理。为此，很多人在与重要的人物见面时，都会提前做好缜密的准备工作。例如，很多新官上任，都会采取大刀阔斧的措施，给老百姓留下良好的印象。再如，很多大学生在面试时，也会精心准备面试服装，给自己搭配合适的鞋帽和手包等，生怕有任何疏漏，影响在考官心中的第一印象。尤其是恋爱中的男女拜访对方的父母时，更会挖空心思准备礼物，打扮自己，只为给未来的公婆或者岳父母留下好印象。这些，都是人们在日常生活中重视第一印象的表现。毋庸置疑，第一印象的好坏，很大程度上决定着我们能否叩开他人的心扉。一旦第一印象搞砸了，要想扭转过来，就必须付出加倍的努力和心血。既然如此，为什么我们不好好经营第一印象呢？聪明的人都会用心经营第一印象，以期让之后的人际交往顺风顺水。从社会学的角度来说，第一印象本质上是一种社会现象。现代社会，文明高度发展，每个人的存在都无法脱离社会层面。因此，不但人们的心理作用于社会，社会也从各个方面影响着人们的心理状态。

心理学家曾经针对第一印象进行专门研究，结果证实，人的“外部特征”是由年龄、性别、体态、着装、神情等组成的。通常情况下，人们习惯于从这些方面判断一个人的性格特征和内在素养。的确，正如法国流传的一句话，三代人才能培养出一个贵族。这句话的意思是说，要想培养出一个真正的贵族，需要三代人的努力。这是家庭环境对人潜移默化的影响，也告诉我们很难伪装自己变得高雅。人们的很多行为都会在不知不觉间暴露人的本性以及生活和成长的背景，一个没有文化浸染的人，无论如何也装不出书香气。因此，我们除了临时抱佛脚来提升自己给人留下的第一印象外，也应该在日常生活中多多读书，多多提升自己的心灵，这样才能做到由内而外散发出与众不同的气质。

尽管第一印象是我们叩开他人心扉的敲门砖，我们也依然应该牢记“路遥知马力，日久见人心”这句话。即便我们已经给人留下了良好的第一印象，也依然要怀着真诚友善的心对待他人，这样才能得到他人发自内心的认可和尊重。同样的道理，我们对待他人，也不应该仅仅凭借第一印象就做出判断，而应该在日后的交往中多多观察，才能了解对方真正的人品。虽然如此，我们依然要重视第一印象，归根结底，第一印象决定着我们能否在最短时间里赢得他人的喜爱，得到他人的认可。

小娜今年读大四了，即将毕业。和大多数同学一样，她也正在四处奔波参加面试，找工作。一个偶然的机会，小娜得知一个大型连锁企业正在招聘销售人员，因而投递了简历。原本，小娜以为像自己这样的应届大学毕业生无法得到面试通知，不想，才刚刚几天，她就接到了邀请她参加面试的电话。小娜高兴极了，先是为自己购买了一身职业套装，还专门做了头发。好不容易等到面试那天，精神抖擞的小娜去参加了面试。小娜过五关，斩六将，经历了笔试和初试，终于来到了复试。

看到那么多竞争者，小娜难免有些心慌。见到面试官之后，她先是进行了简短的自我介绍，然后就开始侃侃而谈，讲述自己在学校里的优秀表现和社会活动经验。看着小娜颠三倒四地说着，面试官不耐烦地说：“好了。你的经历，我可以从简历上了解。接下来，说说你对未来的打算吧。”看着主考官，小娜一时紧张，居然说：“我是想着先找一份工作干着，如果不合适就再换。”说完这句话，小娜简直恨死自己了。她也不知道自己为什么脑子短路，一时之间说出这句话来。毫无疑问，小娜与自己喜欢的工作失之交臂了。

在这次面试过程中，其实小娜已经做了充分的准备。然而，她只是因为在复试的时候一个问题的回答出现失误，就给主考官留下了不好的第一印象，导致与心仪的工作失之交臂。这就是第一印象的作用。虽然只是短暂的几分钟，但是却有可能影响我们一生的轨迹。从现在开始，我们一定要从各个方面提升自己，为自身的发展做好充分的准备！

心理课堂

随着人际关系在社会交往中提升到前所未有的高度，第一印象也得到人们更多的关注。要想给人留下良好的第一印象，首先我们要保证仪表的整洁清爽，因为没有人喜欢和邋遢的人打交道。其次，我们还应该在社会交往中占据主动，例如主动和他人打招呼，向他人介绍我们自己，这样才能给他人留下深刻的印象，从而帮助我们加分。再次，我们还可以了解对方的兴趣爱好，找到我们与他们之间的共同点。这么做的好处是，能够瞬间拉近你与陌生人之间的距离，使其对你产生亲近感和好感。最后，我们还可以适当迎合对方。尤其是对于刚刚见面的陌生人而言，一味地否定或者指点对方肯定是不合时宜的，聪明的朋友会适当地迎合对方，让对方觉得你很贴心，也有超强的理解能力。总而言之，除了注意外在的仪表之外，我们还要从各个方面提升自己，才能更好地融入他人的交往圈子，给他人留下良好的第一印象。

倾听，是成功必不可少的能力

每个人都长了两只耳朵，而只长了一个嘴巴，这是因为，上帝想让我们更专注地倾听，而少说话。从人类独特的生理构造不难看出，倾听是远远比诉说更重要的。每个人，如果想要拥有良好的人际关系，并且在社会交往中如鱼得水，那么就一定要深刻理解和领悟倾听的重要性。倾听，不是漫不经心地听，也不是边说边听，而是要用心地聆听。只有用心聆听，我们才能听到对方心里发出的声音。从这个意义上来说，倾听，是心与心的对话。善于倾听的人，往往会有意外的收获。因为他们不但从对方口中获取了信息，也了解了对方的心。

曾经，作为著名主持人，林克莱特在一次节目访谈中，问一个梦想成为飞行员的小朋友："假如有一天，你的飞机在太平洋上空时，突然燃油耗尽，失去动力，你会怎么做？"小朋友眨了眨眼睛，凝神细思，然后一本正经地说："我会安排飞机上所有的乘客都系好安全带，然后我背上降落伞跳下去……"听到小朋友天真的回答，台下的观众全都觉得啼笑皆非，一个个笑得前仰后合。不想，孩子突然哭了，这时，林克莱特敏感地意识到孩子一定另有苦衷。因此，他耐心地问："宝贝，你能告诉我你为什么要跳下去吗？"孩子流着泪说道："因为，我必须去拿燃油，然后回来给飞机加满油。"听到孩子的回答，在场的人都震惊了。这是一个多么天真可爱的想法，这是多么纯洁无暇的心灵。如果没有林克莱特耐心的询问，孩子也许就会遭到所有人的误解，成为一个不折不扣的"逃兵"。幸好，优秀的主持人有着敏感的眼睛，还有着善于倾听的耳朵，才把这个至善至美的答案奉献给世人。

生活中，有多少人没有耐心倾听孩子，又有多少人没有耐心倾听他人？不管什么时候，都不要忘记耳朵的作用。要想让人世间的误解少一些，信任多一些，我们就要学会倾听，学会走进他人的心灵深处。唯有如此，我们才能更加信任彼此，谅解彼此，也才能走向成功。

作为资深销售人员，乔治怎么也想不通自己这次为什么推销失败。乔治在一家汽车公司工作，主要负责销售大众品牌的高档汽车。有一次，乔治接待了一个客户。在刚开始时，他和客户聊得非常愉快，他们简直是相谈甚欢，相见恨晚。原本，乔治暗自窃喜，觉得客户肯定会在他手里买车，谁让他们已经成为朋友了呢！客户已然拿出了银行卡，准备跟随乔治去付款，然而，就在最后的时间里，却突然间改变主意，不再购买这款汽车。乔治百思不得其解，看着气冲冲离去的客户，他更是丈二和尚摸不着头脑。

因为这件事情，乔治苦恼了好几天。三天之后，他终于压抑不住愤懑的心情，给客户打了个电话："你好啊，昆德拉先生，我是汽车销售公司的乔治。几天前，我曾经向您推荐了一部很好的汽车，您当时看得非常满意，甚至都已经准备交钱了。我只是不明白，您为什么突然改变主意不买了呢？您能告诉我原因吗？"

客户厌烦地说："难道你不知道现在是午休时间吗？"

乔治赶紧表示歉意，却依然不依不饶地问："对不起，打扰您休息了，但是，您能告诉我原因吗？我最近几天一直在因为这件事情懊恼，我想更好地为您服务。"

看到乔治态度这么诚恳，客户的态度才缓和一些，说："其实，我对汽车很满意。只是，我在说起我学习法律的女儿时，你根本心不在焉，这使我很不高兴。"

原来，这就是原因。乔治在即将销售成功的关头，没有用心地听客户说话。也许，对于客户来说，是否买一辆车，远远不如对面坐着的这个人是否用心赞许他的女儿更重要。当时，乔治的确走神了，因为他根本不记得客户曾经炫耀他的女儿。为此，他表示了诚挚的道歉。直到半年以后，乔治才再次赢得客户的信任，成功地卖了一辆车给客户。至此，他们才成为真正的朋友。

眼看着销售即将成功，乔治不由地得意忘形，完全忘记倾听客户的讲述。尤其是当客户讲到自己心爱的女儿时，乔治完全不知道客户在说什么，这让客户大为恼火，甚至连选中的汽车都放弃购买了。这件事情给了乔治很大的教训，也提醒我们，在和他人交往时，一定要更好地倾听对方，千万不要三心二意。倾听对方，不但是对对方的尊重，也是对对方的重视。尤其是在与重要人物交流时，走神是万万要不得的，否则就会像乔治一样功亏一篑。

心理课堂

倾听是一种能力，懂得倾听的人能够最快速地走入他人心里，了解他人的心理动态。倾听是一种情感的表达，只有当你发自内心地关注一个人时，你才能得到身心合一的倾听状态。倾听也是一种艺术。倾听不但要付出耳朵，也要投入全部的精神和感情，这样才能给予倾听对象最及时的关注和回馈，从而极大限度地提升倾听的效果。倾听，是我们成功的捷径，我们不但可以从倾听之中获取信息，也可以从倾听之中得到人心。

既要正确选择，也要彬彬有礼

在做出正确的选择时，我们往往会伴以义正词严的论调。殊不知，这么强烈的情绪往往导致我们在无形之中伤害他人，甚至引起他人的误解。中华民族是崇尚礼仪的民族，中华礼仪在人类文明宝库中占据重要的地位，也成为无数人生活的准则。那么，这就要求我们在做人做事的过程中，既礼仪得体，又能够做出正确的选择，坚持自己的判断。这样的结果，才是皆大欢喜的。

在日常生活和工作中，我们很容易就会与他人产生冲突。这是因为每个人的思维方式不同，思考问题的出发点也不同。曾经有成功学家进行专门的研究，证实智商在成功过程中只能起到10%~15%的作用，成功更大程度上取决于情商的高低。由此可见，情商对于我们的生活至关重要。举个最简单的例子，一个名牌大学的毕业生，在校期间成绩优异，自然能够顺利通过公司的层层考核。然而，如果他情商不够，进入单位之后无法圆滑地处理好与同事之间的关系，那么他很快就会被淘汰。因为现代社会需要的不仅仅是智商高的人才，更需要情商高、能够处理好人际关系的合作型人才。这就要求我们，不管职位高低，在工作中千万不要恃才傲物，否则就会遭到大家的排挤，无法顺利地完成工作。

同样一件事情，因为我们处理问题的态度和方式不同，其结果往往也大相径庭。如果每个人都能意识到正确选择、坚持原则和彬彬有礼并不冲突，那么生活和工作就会更美好，更和谐融洽。著名的美国总统小布什，上大学期间学习成绩一直很差，并且还曾经被美国诸多民间机构认定为是美国有史以来智商最低的总统。然而，小布什为什么能成为美国总统，在世界历史上留下浓重的一笔呢？就是因为他的情商很高。在总统竞选中，他两次战胜和他一样毕业于耶鲁大学的校友，因为他有强大的支持团队。从一件小事我们就能看出小布什的情商高——他能记住一千多名同学的名字，不管遇到谁，都能毫不犹豫地叫出对方的名字。尽管很多成功学大师都告诉我们要记住他人的名字，然而，现实生活中真正能认真记住他人名字的并不多。当一个只见过一次面甚至素未谋面的人亲热地喊出你的名字时，你怎么会不被感动呢？这就是小布什成功的秘诀。

同样作为美国总统，林肯对待政敌的包容态度也让人心生佩服。有一次，林肯正准备在参议院发表演说，一位参议员挑衅地对他说："林肯先生，您是鞋匠的儿子，希望您在演讲时也能记住这一点。"对于这样的公然挑衅，换作其他人，肯定会恼羞成怒。林肯却平静地说："我的父亲已经去世了，谢谢您还记得他。当然，我当总统永远无法像我父亲当鞋匠那么好，但是我会牢记你的忠告。"林肯的话使在场的人全都沉默了，林肯继续说："我知道，在座有很多人都穿过我父亲做的鞋子，如果你们觉得鞋子不够舒适，我可以帮你们调整和修补。在父亲的耳濡目染下，我虽然不是鞋匠，但也略懂修鞋的皮毛。"林肯的话音刚刚落下，现场就响起了热烈的掌声。

林肯这番话软中带硬，不卑不亢，无疑是反驳那位心怀恶意的议员的最好方式。对此，曾经有些朋友建议林肯不要对政敌这么宽容友好，而应该竭力反对和打压他们，林肯却说："把政敌变成朋友，就是消灭他们的最好方式。”就这样，林肯以宽容和博大的胸怀，赢得了很多政敌的支持，最终成功任职两届总统。

林肯的方式当然值得我们每个人学习，与其多一个敌人，不如多一个朋友，这样才能更好地为我们的人生之路添砖加瓦，使其得到朋友的帮助，变得更加平和豁达。

心理课堂

每个人待人处事都有自己的原则，尤其是在某些问题上，我们会坚定不移地坚持自己的原则。每当这种情况下，我们和他人之间就很容易产生矛盾。是放弃原则，选择妥协？还是坚持原则？如果你认为自己是正确的，当然要选择坚持。不过，坚持的方式有很多种。最坏的方式莫过于责怪对方，使对方恼羞成怒。聪明人会找到合适的方法，既说服对方，也坚持自己的立场，皆大欢喜。这就要求我们要注意，坚持自己的选择和彬彬有礼并不冲突，任何时候，只有让对方心服口服，我们才能得到他们发自内心的支持。

幽默，帮助你提升个人魅力

语言，从来都是人类活动中必不可少的要素。人们必须依靠语言进行交流，从而相互了解，相互体谅。我国古代伟大的思想家荀子曾说：“言语之美，穆穆皇皇。”这句话的意思是说，语言的美丽就是美好，而且光明正大。这样的语言，不但能够在私底下说，也可以在公开场合说出来。幽默，作为语言最美好的特点，为诸多人所追捧。每个人都喜欢和富有幽默感的人交流，每个人也都渴望自己能够拥有幽默的能力。对于幽默，有些人理解得过于狭隘，认为所谓幽默，就是挖苦和讽刺他人。实际上，真正的幽默不是以他人为由头，肆意贬低或者看轻。真正的幽默，是一种毫无伤害的调侃，也是一种善意，能够使人际关系非常融洽。尤其是在初次见面的人中间，适当的幽默能够迅速拉近彼此之间的距离，让大家都不再感到生疏。也正因为如此，幽默的能力并非人人都有。要想拥有幽默的能力，我们不但要思维敏捷，更要拓宽自己的知识面，博览群书，这样才能出口成章，让他人欢声笑语不断。

具有幽默能力的人，即使置身于陌生的人群中，也能够马上成为众人关注的焦点。试想，大家都来参加聚会，唯独环绕在你身边的这一群人笑声不断，其他人的眼球怎么会不被吸引过来呢？幽默，能够在最短的时间里使原本陌生的人产生亲近感。有的时候，幽默还能轻而易举地化解尴尬的场面，甚至消除矛盾。幽默不是小聪明，而是大智慧，是让人笑过之后还能有所领悟的“笑话小品”，引人深思。

现代社会，人们要想立足社会，最重要的就是要具有人格魅力。幽默，恰恰是人格魅力最重要的闪光点。在道德、性格、气质等诸多人格魅力的要素中，唯独幽默，能够使我们与他人产生良好的互动，从而更快地把我们展示给他人。从这个意义上来说，幽默是一种交际能力。它既不庸俗卑贱，也不阿谀奉承，而是利用自己的机智和广博的知识，让人发自内心地敬佩我们、喜爱我们。也许有人会说，幽默不就是讲笑话么，我天天都看笑话书。的确，幽默和笑话有着一定的联系，然而，幽默并不等同于笑话。笑话仅仅是搞笑，幽默却时而伴随着辛辣的讽刺，让人在欢笑之余不由地深思，甚至自省。在生活和工作中，如果我们能恰到好处地运用幽默的能力，我们就会拥有更加融洽的人际关系，也博得更多的人心。

有一天，大文豪萧伯纳应邀参加晚宴。席间，有位年轻人恰巧坐在萧伯纳的邻座，因此一直侃侃而谈，在萧伯纳面前大肆吹嘘自己。看起来，他好像是上知天文，下知地理，无所不知一样。看着年轻人自负的样子，萧伯纳一直在忍耐着。然而，年轻人越说越离谱，简直不可一世。萧伯纳终于忍不住，说道：“年轻人，我想，假如我们两个人联手，一定会无所不知，举世无敌。”年轻人惊讶地说：“我们有这么厉害吗？”萧伯纳说：“当然啊。你看看，你是个无所不知的人才，唯独不知道一点——夸夸其谈会让美味佳肴变得难以下咽。而我呢，刚好明白这一点。如此一来，我们俩联手，岂不是就独步天下了吗？”听了萧伯纳的话，年轻人惭愧地低下头，再也不吭声了。

萧伯纳非常机智，运用夸赞的方法，隐晦地告诉年轻人在美味佳肴前应该有所收敛，不要夸夸其谈。这样一来，他既没有批评年轻人，又准确地表达了自己的不满，岂不是一举两得的幽默吗？

美国著名作家马克·吐温以擅长写幽默讽刺小说而闻名，他对幽默的运用已经到了炉火纯青的地步。有一次，他去外地的一个小城镇进行演讲。一天，吃完晚饭，他来到一家理发店，准备刮刮胡须。理发师问：“先生，您不是本地人吧？”他点点头，说：“我初来乍到。”理发师接着说：“那你来得可真是太巧了，马克·吐温明天要进行演讲。这可是个千载难逢的好机会，我想你会去听吧？”“哦，那当然。”“你有票吗？”“没有，我没有票。”“太遗憾了，你必须站着听演讲了，因为现在已经无票可卖了。”马克·吐温佯装惊讶地说：“真的啊，这可真让人遗憾。我的运气太坏了，每次那个家伙演讲，我都必须站着。”

马克·吐温和理发师开了个玩笑，以幽默的口吻说自己每次遇到马克·吐温演讲，都必须站着。可想而知，当理发师看到站在演讲台上的就是此刻理发的顾客时，该有多么惊喜啊！

现代社会，生活压力越来越大，人与人之间的关系剑拔弩张。我们可能会与他人发生争执，如果能够运用幽默的能力，化干戈为玉帛，也许就能化敌为友，更好地与他人相处。由此可见，幽默的能力在现代生活中是非常重要的。

心理课堂

只有心理健康的人，才能恰到好处地运用幽默的能力，让幽默为自己的人格增添魅力。幽默，不仅是一种社交能力，也是一种闪耀着光芒的智慧。幽默的能力既有先天的成分，也有后天养成的成分。从现在开始，就让我们多多读书，增加心灵的储备，成为一个幽默的、受欢迎的人吧！

第07章

提升感召力：拥有让人心甘情愿追随你的实力

纵观历史上那些功成名就的成功人士，他们无一不有着超强的感召力。他们似乎生来就是领袖，能够在人群中一呼百应，呼风唤雨。这样的人，在很多历史的描述下都已经神话。实际上，他们之所以如此成功，能够得到大多数人的追随和支持，就是因为他们有着超强的人格魅力，也有着超强的感召力。

微笑的魔力，不容小觑

随着生活节奏的加快，我们行色匆匆，每个人脸上都挂着严肃的表情，一副愤世嫉俗、苦大仇深的样子。正因为如此，我们似乎渐渐忘记了微笑，我们的生活也离微笑越来越远。微笑，就像是花儿一般，装点着我们的生活和工作。如果没有微笑，一切该多么枯燥乏味啊。从现在开始，微笑吧。微笑，代表真诚，能够让陌生人瞬间与你变得亲近，毫无芥蒂；微笑，代表宽容，如果你对一个犯了错误的人微笑，他会感到很放松；微笑，代表接纳，当你微笑着面对一个人，你一定已经从心里认可了他。微笑，还能感动每一个人，让大家和谐相处，友爱互助。微笑，具有神奇的魔力。当你微笑着面对他人，或者接受他人的微笑时，你会发现整个世界都变得美好。如果说有很多事物都能打动人们的心，微笑一定是最有感召力的一种。

成功学大师卡耐基对于微笑有着极高的评价，他说："笑容能照亮所有人，就像阳光能够穿过乌云，给人们带来温暖。"微笑和阳光一样，也具有神奇的魔力，能够让人感受到发自内心的温暖。微笑，还是一架桥梁，即使人们彼此之间没有进行语言的交流，在看到对方微笑的一刹那，他们也能够做到心意相通。在生活中，我们每个人都会遇到艰难和挫折，因此，有人教导我们要微笑着面对生活，因为只有这样生活才能还给我们灿烂的笑脸。从吸引力的角度来说，微笑也具有极强的感召力，能够帮助我们形成正向的吸引力，使我们的生活变得更加美好。从此刻开始，微笑吧，你的生活会因为微笑而改变。

艾米大学毕业后，一直梦想着进入世界上最著名的连锁酒店——希尔顿大酒店工作。要知道，对于学习酒店管理专业的艾米来说，希尔顿无疑会给她带来宝贵的经验积累，也有着良好的发展空间。然而，艾米知道，希尔顿对员工的录用极其严格，不但要求有相应的学历，还要求有着很好的形象。虽然明知自己并非毕业于名牌大学，艾米依然抱着试试看的心态投递了简历。恰巧希尔顿酒店正在大规模招聘，艾米就这么幸运地得到了面试的机会。

在面试现场，艾米看到了无数的俊男美女。他们学历很高，而且颜值相当，衣着得体。艾米呢，看着自己的简历，不由地自惭形秽。然而，她想了想，暗暗对自己说："好吧，反正我已经来了，就以我最真实的表现去面试吧。尽力而为，听天由命。"想好了最坏的打算，艾米反而不紧张了。面试时，艾米的脸上挂着坦然的微笑，走进面试的教室。突然，她看到门旁有一个拖把倒了，便笑着顺手扶了起来。面试官问了艾米很多问题，最后问她："你为什么要扶起拖把？"艾米笑着说："因为，我希望我任职的酒店就像我家一样干净，也给顾客宾至如归的感觉。"几天之后，艾米居然接到了录用通知，她高兴极了。

后来，艾米才知道，那天的面试中扶起拖把也是一道面试题，虽然有大概一半的面试者都扶起了拖把，但是只有艾米回答问题时带着微笑，那么自然，似乎扶起拖把就像她呼吸空气一样理所当然。希尔顿当然欢迎这样的员工。

微笑着扶起拖把，不管单位多么凌乱，都像收拾家一样心情愉悦地把它收拾好，这也许就是面试考官想要的答案。对于一名高级酒店服务生而言，始终面带微笑，是给客户良好的入住体验的第一步。艾米的微笑那么真诚，那么自然，直接打动了面试官的心。

在这个世界上，有人长得非常美丽，有人长得却没那么漂亮。实际上，只要我们都以微笑作为自己的妆容，就会变得一样美丽。对于微笑，古希腊著名哲学家苏格拉底问："在这个世界上，除了阳光、空气、水和微笑，我们再无其他的需要。”苏格拉底把微笑、阳光、空气、水并列，由此可见微笑在他心目中的至高无上。

微笑，适用于我们生活中的很多情景。对于成功的人，我们微笑着赞许他们；对于失败的人，我们微笑着鼓励他们；对于快乐的人，我们微笑着分享他们的快乐；对于伤心的人，我们微笑着抚慰他的伤痕。只要是有人的地方，就应该盛开微笑的花朵，这样世界才会变得更加美好。

心理课堂

和语言相比，微笑是无声的，然而，它却能最迅速地打开他人的心扉，帮助我们走入他人的内心深处。就像每个女人都喜欢鲜花，每个人也都无法拒绝微笑。当你想要推销自己时，不如试着真诚地微笑，因为微笑是你最好的名片。也许有些人会说：“我不习惯微笑。”那么，你有没有这样的体验。行走在路上，你突然间看到一个人微笑着向你走来，虽然你绞尽脑汁也想不起来你认识他，但是你却无法控制地也微笑起来。就这样，你们微笑着擦肩而过，你才意识到他只是在向你微笑。这么想想就很美好，不是吗？

当我们习惯微笑，对我们遇到的每一个人微笑，微笑就会像阳光一样深入世界的每一个角落，让世界更加温暖美好。

找准位置，吸引力才能事半功倍

很多年轻人都喜欢看足球，那么一定知道踢足球是讲究分工合作的。一旦合作不能协调，足球场上马上就会变得毫无章法，甚至杂乱无章。从某种意义上来说，足球能否获胜，关键在于每一个球员能否找准自己的位置，最大限度地发挥自己的作用。也许有的球员非常活泛，不是自己的职责也奔跑着顶上去，但是却导致当自己的位置需要人时，无人能挡。这样一来，无疑是本末倒置，颠三倒四。只有每个球员都守好自己的位置，在需要的时候最大限度地发挥自己的能力，这场球赛才有可能获胜。当然，球场就像是我们的人生，也面临着瞬息万变的局势。想要踢好一场球，也如人生一样，必须用心，竭尽全力。

很多人过生活，也像踢足球。不该管的事情，他非要越权去管；该管的事情，又因为精力有限，无暇顾及。如此一来，虽然自己忙得团团乱转，却因为没有找准位置，而使事倍功半，有时毫无功劳，甚至还会招致埋怨。相反，找准位置的人首先做好自己的本职工作，他们一生之中都有目标，有规划，思路非常清晰，因而做起事情来事半功倍。

徐阳毕业于名牌大学的中文系，文笔非常好，简直是个才子。大学毕业前夕，当其他同学都像没头苍蝇一样四处找工作时，他轻而易举就凭借着好笔头得到了两家报社的聘用书。然而，让所有人都大跌眼镜的是，他拒绝了报社的聘用，去了一家民营企业当秘书。

在毕业后不久的一次聚会中，徐阳简直意气风发。他任职的那家民营企业是当地首富，凭着他的能力，的确会成为老板面前的红人。席间，徐阳拍着胸脯对同学们说："放心吧，不出一年，哥们肯定混个主任给你们看看。你们不知道现在那个主任，要能力没能力，要魄力没魄力，领导要个发言稿，他都写不好。"时光荏苒，很快，同学们又举行了毕业一周年的聚会。让大家备感惊讶的是，这次聚会徐阳蔫头耷脑，根本没有了踌躇满志的劲头。原来，徐阳被那家民营企业的老板解聘了。原因是，徐阳越俎代庖，非但不把主任放在眼里，还处处抢主任的风头。就这样，徐阳非但没有把原来的主任干倒，反而自己离开了公司。

回首在民营企业工作的经历，徐阳感慨地说："都是因为我没有找准自己的位置啊。我后来才知道，那个主任虽然能力平平，但是已经跟了老总十年了，是患难兄弟。我这样不把主任放在眼里，其实也就是否定了老总的过去。如果我能收敛一些，与主任搞好关系，凭我的能力，一定能够青云直上。”

徐阳因为没有摆正自己的位置，导致吸引力发挥了反作用，最终被辞退。的确，对于才华横溢的人才，是每一个领导都想将其留下委以重任的。然而，领导希望用忠心耿耿的人，而不喜欢用目空一切的人。我们只有找准自己的位置，才能最大限度地展示才华，发挥作用，最终拥有美好的未来。

心理课堂

现代社会，最复杂的不再是技术，也不是学识，而是人际关系。尤其是在现代职场上，同事之间往往有着千丝万缕的利益纠葛。在这种情况下，我们一定要收敛自己的锋芒，作为虚心学习的新人出现，努力得到领导的认可。找准位置，你的付出就事半功倍；找错位置，你的付出就会事倍功半，甚至还会导致事与愿违。

谦逊的人，吸引力更强大

早在小学阶段，我们就把这句话烂熟于心——骄傲使人退步，谦虚使人进步。这是因为，我们每个人都应该杜绝骄傲，始终保持谦虚的心态，认真学习。即便长大了，大学毕业了，开始工作了，我们也依然要牢记这句话。现代社会是信息大爆炸的时代，知识在以前所未有的速度更新着。很多大学生刚刚毕业就发现，自己在学校里所学的知识已经过时了。因此，现代人必须养成终生学习的好习惯，也更有必要保持虚心进取的状态。

不管是在生活中还是在工作中，没有人愿意和一个骄傲自满的人打交道。首先，骄傲自满的人往往特别自负，他们认为自己不管说什么做什么都是对的，很难接受他人善意的劝谏，这也直接决定了他们墨守成规，因而必然导致退步。其次，人们更喜欢和谦逊的人交往。他们那么和气友善，说起话来也轻言细语，让人感到非常舒服。而且，因为谦逊的人非常温良，所以他们身上有着一种强大的吸引力，把人都吸引到他们身边，成为他们的朋友或者支持者。

在开拓事业时，谦逊更是一种不可多得的品质。唯有谦逊，我们才能保持虚心，持续学习，为我们发展事业提供源源不断的动力。要知道，任何成功都不是一蹴而就的，必须经过长期艰苦的努力和付出。骄傲的人总是因为一点小小的成绩就得意忘形，只有谦逊的人，才能更好地学习和进步。在通往成功的路上，谦逊就像是一种高能量的补给，让我们始终保持清醒的头脑，正确对待小小的进步。谦逊的力量特别大。学过武术的人都知道，要想打出去的拳头有力量，就必须先收拳，再打出去。谦逊也是这样的道理，只有怀着虚心学习的心，才能积累雄厚的力量。也因为力量的强大，我们才会拥有更强的吸引力。

扁鹊是我国春秋时期著名的名医。有一次，齐国的国君听说扁鹊医术高超，非要赐予他一块匾——“天下第一神医”。换作别人，得到国君亲自赏赐的匾一定喜出望外，然而扁鹊却拒不接受。国君很困惑，问：“你为什么不要这块匾？”扁鹊惭愧地说：“我不是天下第一。我的两个哥哥，医术都在我之上。”国君更疑惑了：“你的两个哥哥医术都比你高明？那么，他们怎么毫无名气呢？”扁鹊说：“我大哥治病，是在病还没有表现出症状时，防患于未然，因此只有家里人知道他医术高超；我二哥治病，是在病初露端倪时，就将其扼杀在摇篮之中。因此，我大哥毫无名气，我二哥只是在村子里有些名气，村民每当感到身体不舒服，就会去找他问诊。我呢，是等到病人已经病重时，才出手相救，因而人们总是看到我在病人身上施展医术，稍有缓解就说我妙手回春。实际上，我的医术远远不如大哥和二哥。”听了扁鹊的话，国君连连点头赞许。

正是因为怀着如此谦逊的态度，扁鹊始终在学习和研究医术，也使得他的医术越来越高超，最终成为一代名医。人们看到扁鹊医术精湛，又知道扁鹊非常谦逊地研究医术，当然会被他吸引来问诊啦。试想，如果扁鹊自认为是天下第一，志得意满，那么他还能苦心钻研医术吗？只怕他的医术会在骄傲的情绪作用下不断倒退，终致一事无成。

唐朝贞观年间，唐太宗李世民在位。他虚怀若谷，从谏如流，对于谏臣的话，只要是对的，就会采纳，因而把国家治理得繁荣昌盛，出现了贞观之治的盛唐局面。

魏征是著名的谏臣，每次批评唐太宗都直言不讳，毫不留情。有一次，唐太宗被魏征狠狠地说了一通，气鼓鼓地回到行宫。看到唐太宗生气的样子，长孙皇后问他怎么了，他说：“等有机会，我一定要杀了魏征。”听了唐太宗的话，长孙皇后赶紧换了朝服，跪在唐太宗面前，说：“恭喜陛下。自古以来，只有君主贤明，大臣才敢直言进谏。如今，魏征冒犯了陛下，正是因为您的英明啊。”听了长孙皇后的话，唐太宗怒气尽消，非常欣慰。

归根结底，唐太宗也喜欢听好听的话。不过，他最大的优点就是能够保持清醒的头脑，理智地听魏征进谏。魏征去世后，唐太宗心痛不已，伤心地说：“以铜为镜，可以正衣冠；以古为镜，可以知兴替；以人为镜，可以明得失。”魏征去世，让唐太宗失去了一面镜子。

唐太宗之所以把国家治理得强大兴盛，就是因为他能够怀着理智和谦逊的态度，接受像魏征一样的谏臣的劝谏。他的谦逊，他的虚怀若谷，使得无数有才华的人聚集在他的身边，为他出谋划策，对他衷心追随。很多君主之所以亡国，恰恰是因为自以为是，从不听取他人的意见，导致失去人心，最终家破人亡。

心理课堂

不管是作为君主也好，还是作为普通人也好，都应该怀着谦虚的态度对待生活，对待工作。没有人是不需要学习的，即便你掌握了最尖端的科学知识，也依然需要不断更新；即便你才华出众，能力超群，也要学会如何做人，如何与人相处……生活之中，学习无处不在。只有保持谦逊的品质，我们才能拥有强大的吸引力。

勇敢果决，让他人臣服于你的吸引力

当代社会，万事万物的发展都瞬息万变。在时代的洪流中，脱颖而出的都是那些弄潮儿。他们在时代的浪尖上飞翔，引领着整个社会的发展趋势。他们为什么能够取得巨大的成功呢？用老百姓的话说，就是胆大。用文雅的话说，就是勇敢果决，有魄力。他们总是不同于流俗，很少去做那些大家蜂拥而上争抢着去做的事情。相反，他们喜欢独辟蹊径，在大多数人还没反应过来时，就已经嗅到了商机，因而当机立断，展开行动。和他们相比，有些人显得特别懦弱。他们即使已经经过深思熟虑，想好了如何去做，也无法马上开始行动。因为他们总是杞人忧天，担心自己的付出无法得到相应的回报，也担心自己会遭遇失败。这样的人，往往很难取得成功。

越是千载难逢的机会，越是转瞬即逝，一不小心就会错过。因此，只有勇敢果决、当机立断的人，才能抓住那些好的机遇，成就自己。和犹豫不决的人相比，他们得到了更多的机会，也抢占了更多先机。因此，从此刻开始，抛弃迟疑不决的坏毛病吧，否则你就会越来越裹足不前，而且自己也会在左思右想的过程中更加疲劳和没有主见。实际上，很多事情并不像我们想象中那么复杂。不管我们再怎么殚精竭虑，也无法在事情正式展开之前就预见到所有的困难，并且规避所有的不利因素。既然如此，为什么不边做边想呢？常言道，兵来将挡水来土掩，不管什么困难，终究会有解决的办法。只有坚信这一点，你才有勇气面对未来。

很多年轻人都想要自己创业，走出属于自己的成功之路，那么你们首先要做的就是让自己拥有吸引力。只有超强的吸引力，才能在你解决资金问题之后，帮助你解决人员问题。创业之初，只有拥有同甘共苦的人，你成功的希望才会更大一些。古今中外，那些成功人士无一不是果决勇敢的人。倘若他们稍一犹豫，错过了最佳时机，也许事业就无法顺利开展。

盖茨出生在华盛顿州西雅图市，他的父亲是律师，母亲是华盛顿大学的董事。从此不难看出，盖茨出生在中产阶级家庭，从小家境很优越。为了让盖茨拥有更好的学习环境，父母把少年盖茨送进了西雅图湖滨私立中学。正是在这里，盖茨迷上了计算机，对其表现出浓厚的兴趣。进入8年级之后，盖茨开始尝试进行简单的程序设计，还为自己赚了些零花钱。读9年级时，盖茨和艾伦帮助TRW公司检测了程序错误问题。

1973年夏季，盖茨开始读哈佛一年级。那时，他常常逃课去电脑室写程序、玩游戏。1975年冬季，盖茨和保罗为MITS公司编写了一套BASIC编译程序，得到了公司领导的肯定。在此之后三个月，盖茨就发现了一个问题：现代计算机产业的发展日新月异，他不能等到大学毕业再开始创业。就这样，他从哈佛大学退学，与艾伦一起创办了微软公司。那一年，盖茨刚刚19岁。1977年，当苹果等公司开始进入个人电脑市场时，微软顺利抢占了软件市场。从此，盖茨辉煌的人生拉开了序幕。

盖茨拥有属于自己的团队，在创业之初，他的团队就一直与他同在。当然，他也从来不缺少合作伙伴。为什么盖茨有着如此强大的吸引力呢？这是因为他勇敢果断，抓住了市场的先机。这就是盖茨的魄力和胆识带给他的吸引力，也是让那些追随他创业的人无法抗拒的。

虽然我们没有机会成为另一个盖茨，然而，我们也渴望人生中不期而至的成功。如果你渴望成功，就应该像盖茨一样果断，也要像盖茨一样拥有坚强不屈的意志。每个人的人生之路都是不同的，我们不能盲目地学习和模仿别人，而是应该走出属于自己的人生之路。即使遇到困难和坎坷，我们也应该抱着排除万难的坚定意志，勇敢地往前行进。曾经有位名人说，如果为了避免失败而裹足不前，那是比失败更深重的悲哀。从现在开始，拿出你的信心和勇气，勇敢地行动起来吧！

心理课堂

每个人都渴望成功，每个人在通往成功的道路上都会经历不同的艰辛。不管怎样，我们都必须踏上成功的征途，这样才能给自己争取更多的机会，避免与成功失之交臂。如果你的成功，需要很多人的辅佐和协助，那么你一定要把自己培养得更勇敢、更果断，这样才能帮助你获得超强的吸引力，从而得到更多人的支持和协助。

渴望，是迈向成功的第一步

很多时候，我们抱怨命运不公平，我们既没有天生丽质的容颜，也没有高超的智慧，更没有傲人的才华……总而言之，一切似乎都是那么的不如意。即便如此，我们也不应该失去对生活的希望和渴望。在通往成功的路上，渴望成功是迈向成功的第一步。如果我们对成功连想都不敢想，那么我们还如何真正走向成功呢？

曾经有人说，人的命运是上天注定的，无法改变。在一切奇迹皆有可能发生的新时代，我们要说，人的命运把握在自己手中，只要敢想敢干，我们就可以创造命运。由此可见，心态的作用是多么至关重要啊。《庄子》中记载，在遥远的北方有一片大海，海里生活着一种叫作鲲的鱼。这鱼特别特别大，宽度足足有几千里，长度一眼望不到边。它化身为鸟，叫作大鹏，背像泰山一样，翅膀就是天边的云彩，一飞冲天，直入九霄，飞到了南海。蝉和斑鸠对此不以为然，嘲笑鲲："我们想飞就飞，想停就落在树干上。如果觉得累了，还可以停到地上，又何必千里迢迢飞到南海呢？"它们当然不知道大鹏的高远志向，也无法理解大鹏的所作所为。我们应该成为展翅翱翔的大鹏，而不应该像目光短浅的蝉和斑鸠一样，鼠目寸光。只要我们努力坚持，就一定能够获得梦想中的成功。相反，如果我们连想也不敢想，那么我们的人生注定只能原地踏步。

生活中，目光短浅的人往往只能看到眼前的利益得失，很少能开阔思维，了解有鸿鹄之志的人。意识到这一点，我们就应该学会开阔自己的眼界。生活，并非什么都不能，而是无所不能。只要我们渴望，只要我们坚持，我们就能离心中的梦想越来越近。在通往成功的路上，注定要遭受很多的磨难、坎坷和挫折。每当这时候，也不要轻易放弃，而要将其视为命运对我们的磨难，也许我们会有不同凡响的作为呢？所谓凤凰涅槃，浴火重生，就是要遭受烈焰的烤炙，才能获得新生。

作为世界级大名鼎鼎的高尔夫选手，霍根的体能其实并不好，而且能力也有所欠缺。然而，他特别坚强，心中充满了强烈的渴望。他希望自己出类拔萃，与众不同。在事业巅峰期，他因为一场意外的车祸，陷入昏迷。经过几天几夜的生死较量，好不容易才醒过来。原本，大家都以为他的高尔夫生涯会戛然而止，因为他的情况连走路都很艰难，然而，他却勇敢地站了起来，开始练习走路。

也许是因为对高尔夫强烈执着的爱，对成功和不凡人生的热切渴望，他开始蹒跚着在高尔夫球场练习走路。后来，他的体能渐渐恢复，居然又开始打球。就像是一个新生儿在学习走路一样，他每天都比前几天多打几个球，正是这样的坚持，让他在一段时间之后重新回到了高尔夫的赛场。而且，他的名次节节攀升，比赛成绩越来越好。曾经救护他的医护人员都觉得不可思议，他自己知道：是渴望，让他重新站起来，奔向成功的终点！

渴望拥有强大的力量，一个心怀渴望的人会产生超强的内驱力，帮助他支撑自己，超越自己，获得成功。千百年来，人类一直拥有飞天的梦想，正是在这样的渴望中，杨利伟顺利飞天。伟大的科学家居里夫人，进行科学实验提炼镭的时候每天都很辛苦，工作条件也极其艰苦，正是渴望成为科学家的梦想，支撑她从未放弃。虽然我们只是普通人，然而我们依然可以具备渴望的力量。也许我们的梦想很卑微，但是我们实现梦想时一样心思若狂。从现在开始，让渴望成为我们飞翔的翅膀吧！

心理课堂

渴望，顾名思义，就是强烈的愿望。和普通的意愿不同，渴望的程度更强烈，也具有更大的力量。一个人在渴望的驱使下，甚至能够超越自己，让自己倍感惊喜。

毫无疑问，每个人都向往成功，然而真正渴望成功的人却少之又少。渴望，并不单纯是想想那么简单，而是要付诸具体的行动，从而帮助自己离成功越来越近。如果没有渴望作为先驱，我们就会离成功越来越远。

欲望，也能为吸引力添砖加瓦

一直以来，提起欲望“二字”，人们总是将其与贪婪的嘴脸联系起来。的确，很多人受到欲望的奴役，成为欲望的奴隶，甚至做出违背道德和触犯法律的事情。然而，欲望真的都是负面作用吗？世界著名的成功学大师卡耐基说："欲望是打开生命之门的力量，拥有强烈的欲望，才能获得成功。"从这句话不难看出，欲望除了众所周知的负面作用，还拥有积极正向的作用。只要我们合理控制欲望，将其化为我们前进的动力，它就会发挥积极的作用。例如，我们想要穿漂亮的衣服，吃美味的食物，就必须辛苦工作，换来劳动报酬；再如，我们想住大房子，给家人创造更好的条件，就必须勇敢地开拓进取，改变命运；作为学生，如果想获取高额奖学金，就要认真学习，考试考出好成绩……从这些事情不难看出，欲望让我们充满干劲，为了自己的目标不懈努力。

当一个人因为强烈的欲望而废寝忘食地努力时，他一定具有超强的吸引力。曾经有位女人说，工作中的男人最美丽。这是因为男人几千年来就承担着养家糊口的重任。而且，雄性的力量也让他们更乐意征服一座座巅峰。既然如此，工作中的男人当然也会具有很强的吸引力。在20世纪，人类有一项重要的发现，即发现思想可以控制行动。这个发现让欲望的作用更加重要。因为只有心里产生欲望，才会形成渴望，才会付诸行动。由此一来，人生就进入了良性循环，欲望也得到了合理的满足和宣泄。对于一个不遗余力地实现欲望且获得成功的人，其他有欲望的人也会情不自禁地以他为榜样，追随他、拥护他，由此形成很强的吸引力。

美国船王哈利年纪越来越大，便想把生意交给儿子小哈利打理。他对小哈利说："等你年满23岁，我就把公司交给你。"不想，到了小哈利23岁时，老哈利将他带进赌场。

老哈利拿出2000美元，交给小哈利，并且告诉他赌场的规则，叮嘱他不要把钱输光。小哈利连声答应，老哈利似乎很不放心，再三叮嘱小哈利一定要留下500美元。果不其然，第一次进入赌场的小哈利马上就被赌场上的跌宕起伏吸引住了，把钱输了个精光。老哈利没有责怪他，而是让他自己挣钱，再进赌场。小哈利四处打工，终于挣了800美元，拿着钱又去了赌场。这次，他在进赌场之前告诉自己："只能输掉一半的钱。"然而，这次和上次的结局一样，他在赌桌上依然无法自持，输掉了所有的钱。老哈利默不作声地看着输红了眼的儿子。

小哈利不想再进赌场了，然而，老哈利坚持让小哈利三进赌场。因为老哈利认为，赌场是这个世界上最残忍无情的地方。小哈利只好继续打工，直到半年后，他才凑够了去赌场的钱。这一次，他心中有数，在钱输得只剩下一半时，离开了赌场。这让小哈利很自豪，虽然输了钱，但他却战胜了自己。老哈利也很欣慰，说："儿子，你已经战胜了自己。"此后，小哈利每次进赌场，都会在钱输掉10%时退场。渐渐地，他居然开始赢钱了。初次尝到甜头的小哈利，又犯了老毛病，再次输得精光。这时，小哈利猛然想起父亲的忠告，不由得感慨万千。

一年之后，小哈利已经成为赌场上的老手，不管输赢都能做到坦然面对，而且将其控制在10%以内。老哈利激动地对小哈利说："从现在开始，公司由你接管。"小哈利很惊讶，老哈利笑着说："不管输赢，都能在赌场上自由进退的人，才是真的赢了。你，已经成为欲望的主人。"

为了让儿子接管公司，老哈利可谓用心良苦。他明明知道从未进过赌场的小哈利一定会深陷其中，走很多弯路，还是选择以这样一种方式锻炼小哈利，这是因为他知道：能控制欲望的人才是人生的赢家。朋友们，不管是战胜欲望，还是合理控制欲望，化欲望为动力帮助自己，为成功添砖加瓦，都是了不起的。从现在开始，我们也要发挥欲望的正向作用，成为欲望的主宰，也成为命运的主宰。

心理课堂

从辩证唯物主义的角度来看，欲望既有好的一面，也有坏的一面。一直以来，我们都指责欲望给我们的生活带来负面影响，却忽略了欲望也给予我们更加强劲的动力，让我们在人生的旅途中更加努力奋进。

只要合理掌控欲望，并且依靠自己的努力实现欲望，我们就能得到他人的认可，从而形成强大的吸引力。

远离负面情绪，吸引力的磁场更强大

从心理学的角度来说，焦虑、紧张、愤怒、沮丧等，都可以称之为负面情绪。每个人都会有负面情绪，就像天气不会永远阳光明媚一样。那么，如何对待负面情绪呢？每个人的做法都是不同的。总体而言，有积极的应对方法和消极的应对方法。在积极的应对方法下，负面情绪在最短的时间内得到排遣，阳光再次充满我们的心灵。即使偶有沮丧绝望，正面情绪也很快就能战胜它们，帮助我们保持好心情。相比之下，消极的应对方法简直太糟糕了。因为负面情绪的影响，人们心情烦躁，没有来头地就想发脾气。他们根本不去积极地想办法，把自己从负面情绪的泥沼中解救出来，而是任由自己继续陷入负面情绪之中，变得更加烦躁不安。通常情况下，我们平时所说的积极之人就是正面情绪占据主导地位的人。毫无疑问，消极之人则总是受到负面情绪的影响，甚至被负面情绪左右。

就像向日葵喜欢环绕着阳光，人们也喜欢与积极之人相处和交往。然而，负面情绪的人就一定要遭到指责吗？其实不然。负面情绪就像是我们突然间患了一场重感冒，也是一种心理上的疾病。拥有负面情绪的人并非心甘情愿，只是迫不得已生病了而已。那么，既然负面情绪的爆发完全不受主体的控制，我们又该如何排除负面情绪呢？当负面情绪到来时，你可以尝试着做一些让自己的开心的事情，例如逛街、购物、享受美食。不管什么事情，只要不违法乱纪，且能让你恢复好心情，你就完全有理由去做。还有些人的情绪很容易受到他人的影响，看到他人兴高采烈，自己也会高兴；看到他人愁眉苦脸，自己也会瞬间变得沮丧。对于这样的人，应该远离消极之人，因为消极之人的负面情绪会把他也拉下水。

在日常生活中，我们每个人都应该远离负面情绪。如果把负面情绪比作阴雨连绵，那么正面情绪就是灿烂的阳光、风和日丽。每个人都喜欢接受阳光的抚照，你要是想拥有更强的吸引力，理所当然也应该让自己变得积极。现代社会提倡正能量，也是提倡正向情绪的一种方式。和充满正能量的人打交道，我们也会浑身充满力量。相反，与充满负能量的人打交道，反而会搅扰了我们的心绪。那么，你会选择更加接近谁？答案显而易见。要想拥有强大的磁场，我们就要远离负面情绪，让自己成为正能量的传递者。

近来，小雅总是闷闷不乐，就连朋友们约她出去玩耍，都提不起兴致来。渐渐地，朋友们出去玩耍时不再喊小雅了，小雅越来越孤独，更加郁郁寡欢。一段时间之后，小雅感觉生活和工作都陷入了谜宫，似乎被浓重的雾包裹着，无法冲破。经心理医生诊断，她患了抑郁症，必须积极治疗，才能恢复健康和快乐。

在医生的建议下，小雅开始约朋友出来玩。刚开始，朋友们一想到小雅愁眉苦脸的样子，都委婉地拒绝了小雅。不过，小雅没有气馁，而是继续追随着朋友的脚步。虽然心里还是兴致不高，但是小雅有意识地想一些开心的事情，而且和朋友们开玩笑。渐渐地，朋友们又都回到小雅的身边，关心小雅，爱护小雅。经过一段时间的努力后，小雅还参加了成人高考，准备上函授本科。如今的小雅，积极乐观、阳光正向，朋友们都喜欢围绕在她的身边，和她一起玩耍。

就像向日葵喜欢阳光一样，人们也喜欢和充满正能量的人在一起，感受正能量的力量。如今，越来越多的人意识到负能量的问题，也开始积极地消除负能量和负面心理，从而更好地拥抱阳光，拥抱生活。

心理课堂

朋友对于我们而言，就像是必不可缺的阳光、空气和水。如果生活中没有朋友，我们就会非常孤独。假如我们一味地沉浸在负面情绪中无法自拔，总是怨天尤人，怨声载道，相信再好的朋友都会对我们避而远之。那么，如果你想拥有朋友，就要远离负面情绪，充满正能量。相信向日葵总是围绕阳光转，也相信朋友一定会紧密地团结在你的身边！

第08章

打造职场吸引力，让别人感受到你拥有的能量

现代人的生存压力越来越大，不但生活成本增高，职场的生涯也变得更加艰难。如果说现代社会是人才辈出的时代，那么随着人才的大量涌现和普通就业人才学历的提高，职场人士的竞争更加进入白热化阶段，不但要拼智商、技能，也要拼情商、颜值。总而言之，只有成为综合实力很强的人才，才能更好地面对工作，展示自我，最终寻找到自己的人生舞台。

工作无小事，用心才能有收获

在潜意识中，人们总是情不自禁地评论自己要做的事情是否值得，尤其是在工作中，人们更是会不自觉地衡量自己的付出是否得到了应有的回报。实际上，很多事情并不是当时就有回报，而是具有延后性。也就是说，我们在努力去做之后的很长时间，才会看到期望的回报。既然如此，也许有人会说，我怎么能确定到底有没有回报呢？尤其是拿着工资为老板打工时，我累死累活地多干认真干，都不一定能够得到升职加薪呢！抱着这样的心态工作的人，往往很难有出色的表现。

因为目光短浅，有很多人在工作中都喜欢做些惊天动地的大事，而不愿意埋头苦干，更无法静下心来踏踏实实地去干。事实上，现在的职场不缺少好高骛远的人，唯独缺少能够脚踏实地、十年磨一剑的人。任何一项工作，不做个三五年，想要初露端倪，几乎是不可能的。如果我们从心底里就瞧不上某项工作，那么在做的时候一定是心不甘，情不愿，怎么会有出色的表现呢！从本质上来说，不管是生活还是工作，都没有那么多乱世出英雄的时刻。唯有努力地做好一点一滴的小事，我们才能有机会担当大任。古人云：一屋不扫，何以扫天下。同样的道理，如果你连自己瞧不上眼的小事都做不好，又如何能够担当大任呢？！不管多么重要的工作，都是由一些小的环节构成的。只有每个人都足够重视工作中的小事，用心把小事做好，工作才能有所突破。如今，大多数单位在年终时都会举办年会，每当看到那些优秀员工上台领奖时，也许台下的普通员工会不屑一顾地说：“他也就那样吧，没觉得有多么不同啊！”的确，一切优秀的员工也都是普通员工，他们唯一的不同就在于从不认为自己的工作是不值一提的小事，因而总是竭尽全力地去做好小事，尽力把小事做到极致。很多时候，你职场生涯的转折点，恰恰是因为这件微不足道的小事，或者是因为某个不经意间的变化。这也许还会影响你的命运。

李楠在鞋厂工作，原本是销售员，后来因为表现出色，被调到采购部门工作。在销售旺季，鞋厂需要购进大量的羊皮、牛皮。为此，李楠四处出差，选购牛皮、羊皮。很快，他来到了内蒙。在考察了牛皮、羊皮的质量后，他和供货商谈好价格，签订了合同。合同上，李楠特意约定：“牛皮大于6平方尺、有疤痕的不要。”原本，这句话应该是两句话，如下：“牛皮大于6平方尺。有疤痕的不要。”仅仅是一个标点符号的差别，最终，供货商发来的牛皮全都是小于6平方尺的，耽误了工期不说，还给鞋厂造成了巨大的损失。

这时，李楠找到供货商理论，供货商狡猾地说：“李先生，我们这可是事先约定好的呀！”经过这件事之后，原本信誓旦旦地拍着胸脯保证完成任务的李楠深深地意识到责任重大，在他心里，再也不认为采购就是吃饭喝酒、谈价签合同的简单事情了。一个标点符号，给鞋厂带来的损失不可估量，李楠被扣掉了一年的奖金以示惩罚。虽然很心疼奖金，但是李楠心服口服。

原本，李楠一直以为采购工作是很轻松的，只要四处和供货商谈判，签订合约就行。殊不知，采购员肩上的责任重大。如果不能为鞋厂及时订购优质的牛皮、羊皮，那么鞋厂的生产就会受到影响。看看，这就是工作无小事的真实案例。

朋友们，也许你们在工作中也觉得没有得到重用，每天都做着枯燥乏味的工作，无法体现自身的价值。那么，不妨看看李楠的亲身经历吧。要知道，每一个工作岗位上的人都应该像螺丝钉一样深深扎根在岗位上，坚守本职工作，这样才能更好地实现分工协作。

心理课堂

每一件大事都是由一件件小事组成的，只要把小事做好了，才能把大事圆满完成。现代社会上，分工越来越明确。每个人只有做好自己的工作，才能更好地配合他人，把整个事业都做得风生水起。

不管你是为老板打工，还是自己当老板，都必须调整好心态，静下心来从小事做起，努力做好分内之事，安守本分。工作无小事，只要你用心，就一定会在不久的将来看到回报。

喜欢自己所从事的工作

爱一行，干一行，当然是幸福的，因为能够从事自己喜欢的工作。然而，现代社会的行业选择很多，也有相当一部分人从事的工作并非是自己感兴趣的。这种情况下，是喋喋不休的抱怨，还是逆来顺受，当一天和尚撞一天钟？显而易见，这两种工作态度都不会带来什么好结果。聪明人会选择干一行，爱一行，渐渐地，就真的爱上了自己的本职工作，甚至做出了超出自己预期的成就。

我们不难发现，很多成功人士并非从事自己喜欢的工作，而是因为机缘巧合进入一个行业，从此脚踏实地的工作，最终爱上工作，成就精彩。这是为什么呢？不是说做自己喜欢的工作更容易出成果吗？其实，人最应该把控的就是自己的心态。常言道，人生不如意十之八九。在一生之中，我们不可能处处随心所愿，因此要学会积极地接受和改变自己。当命运的洪流把我们推到人生的十字路口，我们与其挣扎着前行，不如主动前行，变得积极果敢。当你调整好心态之后就会发现，一切都改变了。原本让你心生厌恶的工作可爱起来，甚至同事也变得那么可亲，这都是心态的力量。朋友们，当你们无法从事自己感兴趣的工作，不妨努力爱上你正在从事的工作。你会发现，把抱怨的时间用来认真工作，真的是美妙的体验。

从一名普普通通的小职员，到美国石油公司的第二任董事长，阿基勃特的经历不可谓不传奇。这一切，都因为他始终把工作当成是一份事业来做，尽管只是个小职员，他也无比热爱自己的工作。在他是个小职员时，他经常出差，也经常需要在宾馆的入住单上签名。不过，他有个行为非常与众不同，即他每次签字时，都会在签名后面写明“标准石油每桶4美元”。包括在日常生活中，他偶尔给朋友写信，或者签署收据，签收邮件，都雷打不动地写上这句话。同事们都很不理解他作为一名最底层的员工为什么要这么做，因此调侃着称呼他为“每桶4美元”。渐渐地，同事们忘记了他的真名，都这么称呼他。日久天长，公司董事长洛克菲勒听说有个员工叫“每桶4美元”，不由地好奇心大发。在了解事情缘由后，董事长想：“想不到，居然有这么执着地为公司做宣传的员工，我一定要亲自见见他。”就这样，董事长主动邀请阿基勃特共进晚餐。通过一番了解，董事长卸任之后，理所当然地举荐阿基勃特成为第二任董事长。

从阿基勃特的经历来看，人们往往会觉得在签名后写上那么一句短短的话并不是难事，尤其是这件事帮助他获得了董事长的赏识，成为公司第二任董事，就更是人人都觉得自己完全可以胜任的。然而，事情难就难在，当你还是一个普通职员，且不知道自己日后能不能长久地在公司生存发展的情况下，你依然非常热爱自己的工作和所在的公司，抓住每一个机会为公司做宣传，赞誉公司。这，并不是每个人都能做到的。很多人都嘲笑阿基勃特，在他成功之后，又愤愤不平于他的平庸和讨巧。其实很简单，如果你也能在平凡的岗位上热爱自己的工作，那么你即使无法成为董事长，也一定能干得很出色。

作为著名的心理学家，卡尔·古斯塔夫·荣格提出了“性格决定命运”的观点。他认为，人对现实的态度，在很大程度上决定了人们一生的命运。把这句话放在现代职场上，态度无疑决定了我们的职业生涯。很多人把工作视为饭碗，仅仅将其作为谋生的工具，挣钱是他们工作仅有的动力。这样的人，对工作缺乏热爱，往往很难有出色表现。相比之下，把工作视为事业的人，更能以长期发展的眼光看待自己的工作，就像阿基勃特一样，不管什么时候都想着为工作做贡献，自然能够得到领导的赏识，也能凭借努力改变自己的命运。

如今，很多刚刚毕业的大学生总是眼高手低，甚至有些人一年之内接连三次跳槽，最终毫无收获。其实，任何一项工作都需要你投注爱和热情，多多用心，有毅力坚持下去，才能收获。这就像是农民种地，需要经历播种和耕耘才能结果和丰收，是同样的道理。

心理课堂

生活中，我们常常用“干一行，爱一行”来安慰那些工作不如意的人。实际上，这句话不仅仅是安慰人的话，也是金玉良言。只有真正地理解这句话，调整好自己的心态，我们才能更好地对待工作，发自内心地热爱我们的工作，将其作为事业用心经营。如果总是人云亦云地说这句话，即使重复一千遍一万遍，也毫无作用。

培养对工作的兴趣

你是否曾经在工作的时候不停地唉声叹气，甚至提不起丝毫的兴致？你是否每天工作时都度日如年，恨不得让下班的时间早早到来？你是否一进入办公室就开始头疼，甚至必须靠吃止疼药维持？如果你出现这些症状，那么你必须很清楚，不是工作出了问题，而是你出了问题。要想更好地工作，从现在开始就要调整自己，努力培养自己对工作的兴趣。

的确，没有兴趣的工作是很难维持的，也是很难做出成就的。虽然现代社会大多数人都从事着自己不感兴趣的工作，甚至所从事的工作和自己大学里所学的专业没有丝毫关系，然而，我们依然要培养自己对工作的兴趣。有兴趣，才能用心；用心，才能把工作做好；把工作做好，你才能有所发展，突破自己，超越自己。与其每天在工作岗位上混时间，不如努力调整心态。你必须想清楚的是，如果你真的接受不了这份工作，那么你就辞职，换一份自己能够接受的工作。反之，如果你认为自己能够接受这份工作，那么就安之若素，积极应对。否则，一味地在不感兴趣的工作岗位上熬时间，无异于浪费宝贵的生命。

很多事情都有其兴趣点。很多时候，我们原本以为某项运动没有趣味性，却在自己全身心投入之后发现，这项运动实际上非常好玩。或者你捧着一本厚厚的小说，刚开始几页，让你觉得兴致索然。然而，你坚持读下去，很快就手不释卷了。这样的改变，都是因为了解和投入。我们必须深入了解工作，投入到工作之中，才能更好地对待工作，发现工作的乐趣，从而对工作充满兴趣。其实，培养对工作的兴趣并没有你想象中那么难，你只需要尝试着去做就好。

作为一名汽车修理工，明浩每天都把工作视为一种长达八个小时的痛苦折磨。工作时间里，他除了开车床，就是拧螺丝，每天都弄得浑身油腻，脏兮兮的。这份工作很无聊，明浩一点儿都不喜欢，然而，他又不能辞职，因为他不会其他的谋生手段，必须依靠这份工作养活自己。

如此半年过去之后，明浩实在无法忍受了。他思来想去，决定给自己找点儿新鲜的工作内容。从打定主意之后，他开始利用空闲时间研究汽车的构造，他想深入了解汽车。果然，明浩不再觉得工作是无聊的，因为他可以利用工作的间隙研究各种各样的汽车。渐渐地，他甚至不想下班了。即使到了下班时间，也依然在车间里看看这辆车，摸摸那辆车，只为了对汽车更加熟悉。一个偶然的机会，明浩经过公司的考核，成为汽车维修专家。再后来，他被公司送到培训学校学习，攻读“机械制造”。

从明浩决定改变工作态度的那一刻开始，他的职业生涯和人生也随之改变。如今的明浩，显然和几年前不可同日而语。等到学业结束，他就会以汽车工程师的身份再次回到公司，不但待遇会提高了数倍，人生也会变得更加开阔。这就是兴趣的力量。

很多人都深有感触：做自己喜欢的事情时，时间总是不知不觉就过去了，也丝毫不觉得疲倦。例如，你利用休息时间去钓鱼，虽然在湖边坐了整整一天，但是你却依然兴致勃勃。每次，哪怕上钩的只是一条小鱼，你也兴奋不已。相反，做自己不喜欢、不感兴趣的事情，我们则总是感到非常劳累，而且毫无成果。既然如此，我们有什么理由不培养自己的兴趣，让自己做事情时事半功倍呢？实际上，我们之所以疲倦，并非是身体的劳累，更多的是心理上的疲倦。只要调整好心态，这种感觉就会消失，不再打扰我们的生活和工作。

心理课堂 心理学家研究证实，人们之所以常常在工作中感到疲惫，并非是身体真正的劳累，而是因为心里对工作产生焦虑的感觉，导致人们对工作的热情和积极性消耗殆尽。严重的时候，人们还会产生严重的挫败感。培养对工作的兴趣，无异于给自己的工作注入活力，这样一来，人们就会从工作中感受到兴趣得到满足的快乐和动力，从而在工作上有更加优秀的表现。

责任心为工作增光添彩

如今，很多企业招聘时，除了考察应聘者的硬件条件之外，也会进行重重面试。甚至在职员新入职之后，他们依然会给职员安排一些考验性的工作，以便考察他们的责任心。从某种意义上来说，责任心已经成为企业用人的一项重要衡量标准。一名职员，即使能力再强，如果缺乏责任心，也无法担当工作的重任，甚至连工作中的小事也做不好。相反，如果一名职员能力平平，但是不管做什么事情都竭尽所能，尽心尽职，那么这样的职员就会成为公司的中流砥柱，公司会因为他们的存在变得更加稳定。由此不难看出，责任心会为我们的工作增光添彩。

若干年前，在日本，有个二十多岁的女孩来到酒店应聘。她很年轻，也非常漂亮。这份工作，是她为自己找的第一份工作。因此，在得到工作机会后，她几乎毫不犹豫地就答应下来。她暗暗告诉自己：我终于拥有了自己的工作，从此，我可以自己养活自己。我一定要认真努力地工作，不管遇到多少困难，都坚持不懈。我一定要竭尽所能，尽力表现，把这份工作做到最好。然而，当她第一天兴冲冲地来到酒店报到时，主管告诉她："因为你是新进人员，所以你的工作是清扫厕所。在一段时间以内，你的责任都是清扫厕所。"女孩用自己纤细修长的手拿着抹布，开始擦拭。她的胃里瞬间翻腾起来，看着黄黄的尿渍，她恶心得想吐，又吐不出来，简直生不如死。然而，尽管她强忍着呕吐的感觉尽力清扫了马桶，把它擦拭得比她自己家的马桶还干净，主管依然不满意：马桶必须光洁如新。女孩难过极了，她已经非常努力了，她不知道什么叫光洁如新。她甚至怀疑自己是不是选择错了，也许她根本不适合清扫马桶呢！就在她发愁地盯着马桶时，一位年纪稍长的保洁阿姨走过来。她拿起抹布，一遍又一遍地冲洗和擦拭马桶。在她的努力下，马桶不但没有任何污渍，而且像刚刚买来的一样洁白明亮。最让女孩惊讶的是，这位保洁阿姨最后居然拿起杯子，从马桶里舀了一杯水喝了。虽然保洁阿姨始终沉默不语，但是女孩却明白了深刻的道理：马桶"光洁如新"，就是马桶里的水可以喝。

女孩感到很惭愧，暗暗决定即使洗一辈子厕所，也要把厕所洗得最干净。当她抱着这样的态度去工作，她居然再也不会因为马桶的肮脏而反胃了。在其后的几十年中，女孩从清扫马桶的人到服务员，再到日本政府的邮政大臣。虽然职位不停地改变，她始终牢记一点：不管做什么，都要负责，做到最好。她，就是野田圣子。

对于一个刚刚进入公司的职员而言，做着打扫马桶的卑微工作，心里难免会有抵触。然而，在眼睁睁地看着保洁阿姨从打扫得“光洁如新”的马桶里舀水喝，她感受到的震撼也是不言而喻的。三百六十行，本质上来说并没有高低贵贱之分，只是角色不同而已。只要用心去做，坚持去付出，终究会给自己一个满意的回报。

如果不是拥有强烈的责任心，给予自己超强的动力，相信自己一定能把工作做到极致，野田圣子的人生又怎么会出彩呢？！每个人都是如此，既然我们不是天生的富二代、官二代，没有显赫的家境和权势可以依靠，就只能脚踏实地地奋斗，用心对待工作中的每一件小事，竭尽全力地做好每一件事。这样的态度，才能成就你的精彩！

心理课堂

并不能说三百六十行，每一行带给我们的职业体验都是相同的，虽然职业没有高低贵贱之分，但是却有光鲜亮丽和低调朴素的区别。如果你恰恰从事了最不起眼的工作，那么一定要告诉自己更努力，更用心，更负责任。越是微不足道的工作，越是需要我们长期的沉淀和积累，最终才能有所收获。如果一个人想要成功，首先要做的就是下决心把事情做到优秀，做到出色，做到无懈可击。正所谓世上无难事，只怕有心人。在日常生活和工作中，很多人都抱着当一天和尚撞一天钟的心态对待工作，这样是不行的。做，做好，做到最好，你才能渐渐在坚持不懈中接近成功，直至最终获得成功。

只有奋斗能给你生机

西方国家曾经流传着一句格言，意思是假如你的牛掉进了陷阱中，即使天上正在下雨，或者天寒地冻，甚至眼珠子都要被冻得裂开来，或者你因为身体不舒适不想去救它，你也必须想方设法把牛救上来。也许，这头牛是农家唯一值钱的牲畜，是一家人生活希望的所在，也许这头牛非常重要，关系到生活能否舒适地继续下去。总而言之，不管什么原因，生活中你总会面对一些自己不得不做的事情。每当这种情况发生的时候，你选择怎么办？是闭上眼睛听天由命，还是瞪大眼睛努力奋斗，为自己争取哪怕仅仅是一线成功的机会？强者和智者一定会选择第二种办法，怯懦的人也许会在第一种选择中彻底沉沦。这就是生活的磨难。不管什么时候，我们都有可能面对这种磨难的发生，而且必须勇敢面对。

常言道，人生不如意十之八九。在这个世界上，最缺少的就是顺心如意。有的时候，不如意是小事情，我们也许安慰安慰自己就过去了。有时候，不如意是大的灾难，仅仅调整好心态并不能解决问题，我们必须非常努力地去做，才能让事情出现一丝转机。看看那些生活里的成功者，没有一个是因为怯懦和退缩而获得成功的。他们之中的大多数人，都曾经遭遇常人难以承受的灾难和痛苦，最终在风雨中勇敢地站起来，迎风傲雨。正像一首歌里唱的，阳光总在风雨后，没有人能随随便便成功。古人也曾说过，天将降大任于斯人也，必先苦其心志，劳其筋骨，饿其体肤，空乏其身。一切成功的经历都在告诉我们，必须奋斗，才能拯救自己沉沦的命运；必须奋斗，才能赢得命运的转机。

在乔治心里，他的妈妈是个非常伟大的女人，那么坚强，那么勇敢。在乔治不到两岁时，他的爸爸去世了。虽然妈妈只是一个普通的家庭妇女，没有文化，却毅然决然地承担起抚养乔治和五岁的大儿子的艰巨任务。她没有任何求生的技能，只能做最艰苦的体力劳动。眼看着妈妈一天天在疲惫中衰老，乔治九岁时，为自己找到了第一份工作——卖报纸。他们实在是太需要钱了，当乔治独自一人乘坐公交车去报社取报纸后又乘坐公交车回家时，天已经黑了。第二天，他用了整整一个下午才卖完所有的报纸，又累又饿。回家之后，乔治告诉妈妈："妈妈，我不想再卖报纸了。"妈妈问："为什么呢？你卖光了所有的报纸，这很好。"乔治委屈地说："我站在街头卖报纸，小混混总是冲着我吹口哨，说些下流话。"妈妈抚摸着乔治的头，说："孩子，他们说下流话是他们的事情，你只管卖你的报纸。"

尽管妈妈没有叮嘱乔治要坚持卖报纸，乔治第二天还是去报社取回了报纸。这天下午，乔治顶着刺骨的寒风，在风中一直叫卖到晚上。看到小小年纪的乔治冻得瑟瑟发抖，一位女士掏出十美元，买下了所有的报纸。不过，她并没有拿走报纸，而是对乔治说："这些钱足够买下你的报纸，你快回家吧，不然会被冻死的。"乔治很向往家里温暖的火炉，然而他知道妈妈在这种情况下会怎么做，因此他也像妈妈那样做了——他没有回家，而是坚持在寒风中卖完所有的报纸。乔治告诉自己："寒风只会让我变得更强壮，不能让我退却。"就这样，乔治从九岁卖开始报纸，不管刮风下雨，从未间断过。直到长大成人，他都始终坚持这样的原则，在遇到困难的时候从不退缩，更不放弃。这，是乔治一生之中享用不尽的财富。

因为妈妈的言传身教，乔治变得更加坚强，也更积极乐观。乔治未来的人生我们不知道是怎样的，但是可以预见的，他一定非常果敢坚毅，能够承受很多考验，也能战胜无数的困难和挫折。

没有谁的人生是一帆风顺的，不管是你，还是我，我们都必须承受命运的考验。越是在艰难的时候，我们越是应该迎难而上，拼搏奋斗，这样才能如腊梅一般顶风傲雪，在刺骨的寒冷中绽放。朋友们，如果你也曾遭遇挫折，如果你现在正在面对人生的困境，千万不要悲观气馁，更不要轻易放弃。记住，唯有奋斗才能拯救你于生活的水火，命运始终掌握在你自己的手中。

心理课堂

很多人在遇到困难时，或者抱怨命运不公平，或者抱怨家人不给力，却从来不从自己身上找原因，想办法让自己变得更强大。殊不知，只有坚持不懈的奋斗，才能帮助你摆脱厄运，战胜困难，最终获得命运的转机。

当你真正变得强大起来，你会发现自己拥有很强的吸引力，幸运也会接踵而至。如此一来，你才能获得成功，实现自己的梦想。

工作中成为一团热情的火

关于工作，如果你始终喋喋不休地抱怨，你就会越来越厌恶工作，在工作上的表现也会一差到底，毫无转机。相反，假如你能够怀着积极的态度对待工作以及与工作相关的人和事，工作就会回报你希望和乐趣。正因为很多人不知道采取怎样的态度对待工作才是正确的，马丁·路德·金曾经引用了一首无名诗：如果你命中注定要打扫街道，那么你一定要把街道打扫干净。你应该专心致志，满怀热情，就像米开朗基罗作画，就像莎士比亚作诗，就像贝多芬作曲。从这首无名诗中不难看出，我们不管做什么工作，都应该像伟大的艺术家和创作者一样，怀着热情，怀着灵感，或者崇敬和敬畏。很多人把工作仅仅视为谋生的手段，这让工作变得枯燥乏味。其实，从某种意义上来说，工作是命运赐予我们的最好礼物。想想吧，你降临人世间，努力地成长，最终依靠自己的勤劳和智慧养活自己和家庭，也为社会创造财富。这是多么高尚而又美好的事情啊！

有工作的人总是很充实，因为他们能够承担起照顾家庭的重任，也为社会做出了贡献。虽然工作常常使人感到劳累，但是他们却始终充满活力，因为工作让他们的存在更有意义，也让一切都变得充满希望。时至今日，在西方国家的很多传统手艺人身上，依然能够找到他们对待工作的尊重与热爱，甚至饱含敬畏。这是对生命力量的敬畏，也是对自己的极大尊重。在现代职场上，无数人对自己的工作感到不满意。实际上，如果能够改变心态，你马上就会发现原本面目可憎的工作变得可爱起来。你还会发现，自己对于工作有了更多的灵感和创新，这甚至会改变你的命运轨迹。

要想改变对工作的态度，我们首先应该对工作充满“虔诚”。工作绝不仅仅能够给我们带来经济上的收获，更多的是给予我们心灵的享受和精神的支撑。当你把工作当成是一场庄严的仪式，你在职业生涯中取得飞跃的时刻也就在不久的将来。工作必须要有热情。现代职场，仅仅有渊博的知识和娴熟的技能是远远不够的。不管你从事哪个行业，都离不开和同事或者其他部门之间的精诚合作。尤其是从事服务行业的人，除了和同事搞好关系外，更要与自己的“上帝”搞好关系。因而，对待工作热情包含两个方面：一是对工作本身热情，二是对与工作相关的人热情。这样，工作才能开展得更顺利，也才能取得事半功倍的效果。

作为公司的王牌销售人员，康纳在工作中不但注重细节，更饱含热情。他始终认为，销售产品就是销售自己，只要把自己成功地推销给客户，才能把产品顺利地销售出去。为此，他对待每一个客户都始终饱含热情。不管客户多么难缠，他都会设身处地地为客户着想，了解客户的苦衷，最终帮助客户完成心愿。正是因为怀着这样的初衷工作，康纳才能成功地把一辆辆汽车销售出去，也才能与一位位客户成为真正的朋友。

有一次，康纳在门店接待了一位普通的女士。她人到中年，穿着朴素的衣服，看起来毫不起眼。康纳给了她一个热情的笑脸，问她有什么需要，她告诉康纳："我想买一辆白色的汽车。"康纳马上问："哦，喜欢白色的人都很单纯美好。"她说："我家邻居就买了一辆白色的福特车，我也想要那样的。"康纳详细地询问了女士的需求，为她详细介绍了好几款车。在闲谈中，女士说："其实我刚刚去了福特的销售点，接待我的销售员很忙碌，让我一个小时之后再去。所以，我来你们这里随便看看。"康纳丝毫没有因为听到这句话而不悦，而是高兴地说："看来，等你在我这里选购到合适的汽车之后，我得去请福特的那位销售员吃饭，是他给了我这次为您服务的机会。"康纳把女士逗笑了，她说："其实，今天是我46岁生日。"康纳惊喜地瞪大眼睛，说："真的啊，那我简直太荣幸了，可以为您挑选心仪的生日礼物。"

康纳满面笑容地领着女士看车子，一辆又一辆，非常仔细。当然，康纳也没忘记把自己试开这些车子的体验告诉女士，从而帮助她更好地做出选择。就在看到一款女士喜欢的车型时，康纳的助手走过来，捧着一束盛开的白百合。康纳把这束花送给坐在驾驶座上的女士，说："这是送给您的生日礼物，我想，您一定也喜欢白百合。"女士感动极了，说："太感谢了，这是我最喜欢的花。我已经很久没有收到鲜花了，其实，刚才福特的销售员是看到我开了一辆破车，所以忙着其他顾客，没有时间接待我。我想，我应该在你这里买下这辆白色的雪佛兰，它和这束白百合很配。"

就这样，康纳不但顺利卖出去一辆车，还与这位女士成了朋友。

对于一名销售人员而言，给过生日的客户送上一束鲜花，也许只是一件小事。然而，当你与客户初次见面，得知客户过生日，就特意让助理准备鲜花的，也确实是很用心。这份热情，不但体现在对待客户的态度上，也体现在工作上。只有这样发自内心的热情，才能让我们更加热爱自己的工作，用心对待与工作相关的人和事。如此一来，工作怎能不顺利发展呢？！

心理课堂

人与人之间的态度是相互的，当你对他人热情用心，他人必定也以热情用心来回馈你。工作呢，虽然不是有血有肉有感情的，但却是有灵魂的。当你对工作热情用心，工作也会给你丰厚的回报，不管是精神上的还是物质上的。唯有热情，才能创造奇迹。

明确清晰的职业规划助你成功

在漫长的农耕生涯中，勤劳的劳动人民总结出一个规律——一年之计在于春，一日之计在于晨。这句话告诉我们，要想提高效率，就要提早谋划，周密计划。古人云，凡事预则立，不预则废，说的也是这个道理。的确，人生是需要规划的。有些人不管什么事情都懵懵懂懂，从不知规划，导致总是因为事情的突然发生而毫无准备，措手不及。相比之下，有规划的人生则从容得多。他们一步步地计划着自己的人生，虽然理想和现实之间有差距，但是大的方向始终保持不变。日久天长，他们才能离自己的目标越来越近。

现代职场，变数很大。很多刚刚毕业的大学生，往往抱着骑驴找马的心态，一边先找一份不那么满意的工作养活自己，一边三心二意地在工作的同时寻找更好的工作机会。他们美其名曰：反正年轻，不需要那么快地积累经验和资历。殊不知，人生最美好的青春非常短暂。对于有些毕业一两年的时间里频繁跳槽数次的大学生，即使遇到更好的工作机会，也会让企业对他们避而远之。如今，很多企业明确规定不接受应届毕业生，原因也正在于此。大学生刚刚毕业之后，虽然经过了大学阶段的学习，但是工作经验相当于为零。对于用人单位而言，也需要花费很多的时间和精力来培养他们由新职员成为合格的职员。而有些大学生只能待个三五个月，恰恰是用人单位在他们身上付出很多心血，而没有得到丝毫回报时，他们却选择了跳槽。如此一来，谁还愿意给应届毕业的大学生做培训工作呢！实际上，如果大学生能够在找工作之初就做好明确清晰的职业规划，有目的有针对性地寻找适合自己的工作和岗位平台，从而脚踏实地地在一家单位干比较长的一个人生阶段，那么，他的前途一定不可估量。任何工作，都不可能一蹴而就。曾经有位企业负责人说，任何一项工作，如果不从事三到五年，从业人员是没有资格对其进行评论的。也就是说，我们只有在一家单位的一个岗位上工作三五年，才能深入了解这份工作，也才能更合理地策划自己的未来发展方向。这与现代的很多职场人士稍有不顺就换工作，显然是非常鲜明的对比。

在以后的世界里，方向是比努力更重要的，能力是比知识更重要的，健康是比成绩更重要的，生活是比一纸文凭更重要的，情商是比智商更重要的。由此可见，只有进行明确清晰的职业规划，做出正确的选择，才能事半功倍，让我们不浪费宝贵的生命。那么，何为职业规划呢？顾名思义，就是你在自己的职业生涯中，期望达到的目标和结果。要想清晰地做出职业规划，首先，我们要学会客观公正地认知和评价自己，科学地为自己进行职业定位。一个人，如果好高骛远，或者妄自菲薄，是不可能做出合理的职业规划的。制定职业生涯，不但要知己，还要知彼。所谓彼，就是就业环境。很多时候，我们并不能仅仅从自身情况出发来选择职业，尤其是做职业规划时，也应该考虑大的就业环境。只有清晰合理的职业规划，才能指导我们找到最适合的工作。举个最简单的例子，一个大学生毕业后，三年之内频繁地换工作、换行业，导致没有任何工作经验。相反，一个大学生因为职业规划清晰，因而毕业之后始终在一家大型企业工作。三年之后，第一个事例中的大学生依然在频繁跳槽，而第二个事例中的大学生因为经验丰富，工作有资历，已经成为一个小小的项目负责人，迈出了实现自己职业规划的第一步。这就是巨大的差距。

生活总是这样，很容易让人迷失。只有保持清醒理智的态度，做出明确规划，才能让一切循着我们期望的方向发展，即使有所偏离，也不会面目全非。那么，你不如此刻就问问自己：我想要怎样的生活？只有把这个问题想明白了，你才能更好地进行职业规划，从而设计自己的人生。

心理课堂

从广义的角度来说，每个人在就业之前都应该清晰地了解自己的内心，也应该适当地考察市场。我们必须清楚地了解自己的实力，科学地测评自己的长处和短处，才能扬长避短，以客观的态度进行职业生涯的规划。同样的，在考察大环境时，我们只有先选择好的行业，才能继而选择合适的企业工作。如果每个大学生都能一步到位地选择工作，不浪费宝贵的青春用于频繁地跳槽，那么企业就不会感慨找不到真正的可用之才，大学生也不会抱怨工作不如意了。如此一举两得，何乐而不为呢！

第09章

正确对待财富，才能吸引财富到你身边来

现代社会，各种理财的平台相继出现，又相继突然在一夜之间人去楼空，或者出现无法兑付到期存单的情况。其实，仔细观察这些如同海市蜃楼般的理财平台不难发现，他们的很多承诺都是漏洞百出的。所谓饮水思源，如果没有合理的投资渠道，他们如何兑现高额的回报呢？！即便如此，依然有人前赴后继地上当受骗。这就是人的贪财心理在作怪。从现在开始，我们应该树立正确的财富观，不要妄想天上会掉馅饼。如果你能正确对待财富，努力付出，坚持奋斗，财富终究有一天会来到你的身边！

树立正确的财富观

和半个世纪以前的计划经济相比，如今的市场经济给人们带来了巨大的财富。随着物质的丰富，人们在追逐物质脚步的同时，欲望也越来越大。在半个世纪之前，人们每个月拿着十几块钱的工资，却能养活一大家子人。现在呢，虽然工资越来越高，生存的不安感却越发强烈。究其原因，是因为想得到的太多。当然，适度地满足自己对生活的欲望，是没有错误的。从某种意义上来说，欲望反而是我们不断奋斗的动力。然而，我们还需要学会合理控制欲望，不要被欲望绑架，否则就会在金钱中沉沦，变得唯利是图。

毫无疑问，人类生活和社会发展，都要建立在金钱的基础上。也就是说，如果一个人没有钱，想要在社会上生存下去很难。同样的道理，如果一个国家没有钱，想要在世界之林立足同样很难。尤其是改革开放之后，人们更加坦然地面对金钱给生活带来的翻天覆地的变化，在羞于谈钱的时代过去之后，很多人张口闭口都是钱，都渴望着拥有财富。在这种情况下，社会开始关注人们因为财富观念不同而产生的交流和碰撞。的确，生活中不乏有人瞧不起穷人，又或者憎恶富人。其实，不管是“歧穷”还是“仇富”，都是不健康的财富心理。只有坦然面对金钱，合理追求金钱，才是正确的财富观。

人们时常会说一句话，金钱不是万能的，没有钱是万万不能的。的确，金钱能够买到房子，但是买不到家；金钱能够买到床，但是买不来安适的睡眠；金钱能够买到伴侣，但是买不到爱情；金钱能够买到很多药品和治疗，但是永远换不回健康……这些，都是金钱无力的表现。然而，现实情况摆在面前，如果没有金钱，我们的父母无法安享晚年；如果没有金钱，我们的孩子就不能接受更好的教育；如果没有金钱，我们就无法实现很多梦想……甚至，没有金钱时，连保障生存的最基本的温饱问题都不能解决。这就是金钱的重要性。既然没有金钱是万万不能的，有了金钱也不是万能的，那么，我们就要摆正金钱的位置，既不要盲目崇尚金钱，也不要视金钱如粪土。毕竟，生活不是诗意的，生活也有其残酷的一面。只有树立正确的财富观，我们才能让金钱为我们所用，为我们的生活创造更多的美好。

永刚有个幸福和谐的大家庭，他有爸爸妈妈，还有弟弟妹妹们。作为家里的老大，永刚在读完高中之后就辍学了，四处打工，为弟弟妹妹们凑足学费。原来，永刚爸爸妈妈的身体都不好，只能勉强做些农活。每次回家，不管再怎么辛苦，看着弟弟妹妹那么高兴地去上学，永刚就觉得自己的一切付出都是值得的。

后来，永刚打工积累了一些资金，开了一家工厂。也许是因为过够了苦日子，永刚把钱看得很重。他疯狂地工作，每天都废寝忘食。当工厂的运转越来越好，家里的日子也越来越富裕时，永刚却因为偷税漏税被举报了。看着被查封的工厂，看守所里的永刚懊悔不已。他很怀念以前的日子，一家人在一起热热闹闹的，虽然吃糠咽菜，但是那种感觉真好。有钱又如何呢？如今的他还不是为钱所累，失去了自由。永刚进行了深刻的自我反省，发誓出去之后一定要遵纪守法，再也不因为金钱栽跟头。

如果不能树立正确的财富观，人们就会为金钱所累，无法驾驭金钱。事例中的永刚，在开办企业后，没有按照法律规定交税，看似节省了很多钱，反而蒙受了更大的损失。树立正确的财富观，既要珍惜金钱，又要学会舍得。财富，原本就是流通的，只有在流通过程中，财富才能实现自身的价值。也只有在为家庭和社会创造财富的过程中，我们才能实现自身的价值。

心理课堂

如今，越来越多的父母重视培养孩子的财富观。这对于孩子们未来的人生，有非常大的好处。如果能够及早对孩子进行财富教育，还能培养孩子的财商，为孩子长大成人之后的理财做好准备工作。1999年，《富爸爸，穷爸爸》一书在世界范围内广泛流传，让无数人都争相传阅，就是因为这本书提出了财商的概念。然而，不管财商多么高，都只有以正确的财富观作为导向，才能让财富为我们所用。对于财富，有人说其像海绵里的水，越喝越渴；有人认为财富甘之如饴，来者不拒，认为只有拥有更多的财富，才能变得更幸福。事实却是，在实现生存需要之后，人们的幸福感和财富的多少并不成正比，郁郁寡欢的有钱人比比皆是，快乐的普通人也非常幸福。由此可见，正确的财富观至关重要。

财富的价值是什么

很多人之所以在追求财富的道路上误入歧途，就是因为他们没有真正认识到财富的价值。有些人对于财富的追逐非常盲目，总觉得金钱越多越好，远远没有尽头。实际上，一个富翁即使身价千亿，睡觉也只能占据一张床的位置，吃饭也只能吃胃的容量。那么，拥有那么多金钱有什么用处呢？有的人疯狂地挣钱，甚至为此违犯法律，然后再拿着不干净的钱四处挥霍，赌博嫖娼等等。这样的恶性循环，会让人生变得毫无希望，进入死循环。相反，有些人虽然也努力地想办法挣钱，但是从不会被金钱所拖累，而是利用自己创造的财富，帮助那些有需要的人。例如，股神巴菲特在拥有巨额财富的同时，始终不忘慈善事业。2014年，他居然捐出了28亿美元。他把这些钱，捐献给五家慈善机构，让其作为慈善基金，从事慈善事业。不仅如此，他还于几年前公开承诺，要把自己名下99%的财产都捐献出去，用于慈善事业。截至2014年，他已经捐献出将近230亿美元。对此，很多人一定不理解：自己辛辛苦苦挣来的钱，不留给孩子们，反而捐献出去，这是为什么呢？如果为了名誉，那么只捐献出一部分也就足够了，为何要把绝大部分都捐献出去呢？对此，巴菲特说："对我而言，1%的财富已经足够维持我和家人的生活。剩下的钱放在我这里，是毫无意义的，并不能让我们更健康安宁，也不能使我们觉得更幸福。"正是基于这样的想法，他把99%的财富都捐献出去，让它们在需要它们的地方发挥作用。这就是财富的价值。

和巴菲特一样，比尔·盖茨夫妇也把自己一生积攒的财富捐献给了慈善事业，总计280亿美元。他们成立了比尔和梅琳达·盖茨基金会，深入世界各地，为那些最需要的地方带去温暖和光明。作为比尔的妻子，梅琳达显然是这个世界上最有权力的女性慈善家。她与比尔共同拥有800多亿美元的身价，而他们的生活完全不需要这么多财富的支撑。在一颗慈善之心的驱使下，梅琳达曾经独自管理基金会长达六年之久，直到比尔退出微软的日常经营，他们才开始一起致力于慈善事业。从这些著名富豪的身上，我们不难看出，财富的价值所在。财富，只有在需要它的地方，才能最大限度地发挥作用。如果一个人拥有财富，却像守财奴一样每天数上一遍，那么这样的财富是没有任何价值和存在的意义的。也许有人会说，我们并没有那么多的财富可供支配。事实情况是，这个世界上一定有比你生活更艰难的人。当你过着安稳的生活，非洲还有无数的孩子因为战乱颠沛流离，也有很多缺衣少食的地区的孩童被饿死。甚至在你的身边，也有很多人需要你伸出援手。我们不能要求每个人都成为不折不扣的慈善家，然而，在过好自己的生活的同时，我们可以做些力所能及的事情。当财富在我们的操控下物尽其用，发挥更大的价值，你一定会体验到前所未有的充实和快乐。

心理课堂

财富的价值，就是帮助那些需要帮助的人。当我们赚取的财富已经足够维持我们的正常生活时，那么，在心有余力的情况下，不妨伸出你的援手。从吸引力的角度来说，当你做的善行越来越多，你的磁场也会越来越强大，你自然能够吸引更多的财富来到身边。就像盖茨夫妇，他们得到了很多世界富豪的支持，就连股神巴菲特，也慷慨地向盖茨基金会捐款，让盖茨夫妇有更多的财富从事更多的慈善事业。

君子爱财，取之有道

随着市场经济的发展，人们越来越习惯于追求财富。甚至有些人因为对财富的盲目追求，变得随波逐流，忘记了应该恪守的本分。不可否认，财富对于每个人的人生都具有非常重要的意义，正如人们日常生活中所说的，金钱不是万能的，但是没有钱是万万不能的。的确如此，金钱虽然能够帮助我们获得物质的享受，却无法满足我们对于精神和感情的渴求。尤其是在真爱面前，只有财富是远远不能获得幸福的。只有让财富为我们所用，为我们的生活创造积极的意义，财富才更加能够体现自身的价值。现代社会，人们所说的财富，通常指的是金钱。实际上，财富分为两个方面，即物质财富和精神财富。如果一味地追求物质财富，人们就会失去幸福；只有把物质财富和精神财富相均衡，兼而得之，我们才能得到梦想中的幸福。这就是人生的平衡。

如果我们能够在追求物质财富的同时，不忘提升自己的精神境界，追求精神财富，那么我们就一定会拥有幸福，而不会成为腰缠万贯的“穷人”。归根结底，人活一世，金钱和物质生不带来死不带走，唯有感受，才是我们在人生中真正得到的体验。既然如此，不管何时，我们都应该尊重和在乎自己的人生体验。如何摆正物质财富和精神财富的关系，只需要举一个简单的例子，我们就能深刻理解。例如，有个乞丐在寒冷的冬日里无处藏身，衣不蔽体，饥寒交迫。这时，有好心人给了他一碗热气腾腾的面条，他吃着这碗面条，觉得自己是世界上最幸福的人。反之，有个千亿富翁，衣食不愁，每天都锦衣玉食。即使吃着世界上最美味的食物，他也丝毫不觉得幸福。或者，他突然之间得到了一栋豪华的房子，也丝毫不兴奋。这是因为在基本的生存需要得到满足后，只有精神上的富足，才能让他重新体验幸福的滋味。由此可见，在满足基本的生活需求之后，拥有金钱的多少并不能代表我们获得幸福的多少。既然如此，我们为何还要因为金钱而不择手段地做一些违背道德、违犯法律的事情呢？！要知道，人们对金钱的欲望是永无止境的，我们应该学会驾驭自己的欲望，而不要被欲望驱使。

当然，在日常生活中，大多数普通人都依然在追求财富的道路上。毕竟，没有钱，我们无法做很多事情，也无法自由自在地生活。朱莉是一个身世多舛的女孩。她从小就没有父亲，是母亲一手把她带大的。母亲一个人既要工作，又要照顾朱莉，吃尽了生活的苦头。为此，朱莉从小就很懂事，更是在进入大学之后发誓一定要出人头地，让母亲过上幸福的晚年。大学毕业后，朱莉进入一家公司当会计。每天，朱莉都要和现金打交道，渐渐地，她对金钱的欲望越来越强烈。看到身边的女同事都打扮得花枝招展，整日穿金戴银，她原本为了把妈妈接来一起生活而辛苦积攒的钱却少得可怜，甚至不够买一件像样的首饰。渐渐地，她动了歪心邪念。她利用工作的便利，挪用公款，为自己买了好几件首饰。她对自己说：我会很快把钱还回来的，我这么做，只是不想让其他女同事瞧不起我。然而，几个月过去了，她非但没有攒够钱把公款的窟窿补上，反而又挪用了好几笔公款，为自己租了一套两居室，还买了好几件家电。她想：我要把妈妈接过来，然后再攒钱还给公司。就这样，朱莉在欲望的泥沼中越陷越深，最终居然欠了公司十几万元钱。她感到害怕，提出了辞职的请求。要知道，以她的工资，不吃不喝两三年才能积攒十几万呢！她原本以为辞职之后公司就找不到她了，殊不知，公司要求她在辞职之前把账目交接清楚。这时，朱莉才意识到问题的严重性。最终，她向公司坦白了这件事情，公司领导念及她平日里工作还算认真，给了她三个月时间凑齐所有的钱还回来，否则就会采取法律手段。

显而易见，朱莉犯了一个非常严重的错误——“监守自盗”。这件事情如果传出去，对她未来的职业生涯会造成非常恶劣的影响，她也很有可能因为公司的追究而承担法律责任。这样一来，她的一生都会受到影响。如此一来，从吸引力的角度而言，财富自然也会远离她而去。相反，如果她能够“君子爱财，取之有道”，凭借自己的勤奋和努力，认真工作，那么她自然会赢得领导的器重，不管是在人品上还是在工作能力上，都得到他人的认可，也自然会为自己创造更加美好的未来，财运会挡都挡不住呢！

在生活中，很多人都因为过于追求金钱，一味地想要获得金钱，因而产生“人为财死，鸟为食亡”的观点。殊不知，这样的观点是非常危险的。人生，当然需要金钱的支撑才会更加顺遂，然而绝非只需要金钱就足够。如果持有这样的观点，人们就会在无形之中夸大金钱的地位，导致一叶障目。不管什么时候，做人都应该坦坦荡荡。既然要做到问心无愧，就必须坚守道德的底线，任何时候都不能触犯法律。尤其是在金钱方面，更不要为了金钱而失去做人最宝贵的精神和品质。

心理课堂

现代社会，每个人都可以凭借自己的能力、勤奋和努力，得到相应的发展机会。只要愿意付出，人们终究会得到回报，能够很好地生存。既然如此，我们也应该恪守“君子爱财，取之有道”的古训，千万不要因为金钱导致人生出现急刹车，或者走弯路的状况。常言道：“君子坦荡荡，小人长戚戚。”每个人都应该努力成为君子，这样才能在机会到来的时候，创造属于自己的精彩人生。如果因为金钱的小利益而失去大的发展，则得不偿失，必将追悔莫及。

爱钱，但不为钱所累

在人的一生之中，与金钱真是结下了不解之缘。自从钱诞生之日起，人们的生活就与钱之间产生了密不可分的关系。看看现在的生活，穿衣吃饭要花钱，孩子上学要花钱，老人看病要花钱，买房买车更是少不了金钱的大力支持……甚至，你走在大街上，想找个公厕解决内急，也需要花钱。由此不难看出，金钱与每个人的生活都有着千丝万缕的联系，真是剪不断，理还乱。为此，古人云，一分钱难倒英雄汉。的确，在缺钱的时候，人们真的有要被逼上梁山的感觉。然而，即便金钱如此重要，我们也要取之有道。金钱，很多时候会成为人心的试金石，只有更好地理解和摆正金钱的位置，我们才不会为钱所累。有些人，明明生活已经非常富足，却依然为了钱而不择手段。这样的人，很难拥有完满的人生，而是始终会在局促中艰难度日。

作为普通老百姓，尽管我们每时每刻都要和金钱打交道，也深知没有钱的苦楚，然而，依然要记住一句话：钱不是万能的。的确，钱虽然能买来房子，却买不来家；钱虽然能买来昂贵的药品，却无法使人恢复健康；钱虽然能帮助我们变得奢华，却无法让我们回到年轻……总而言之，钱有很多做不到的事情。那么，在追求金钱的同时，我们也更应该爱惜生命，理智地对待金钱。人活着，要想生存，必须满足吃喝拉撒、衣食住行的需要。在这其中，金钱起到了重要的作用。然而，人活着，之所以区别于动物，是因为除了生理需要之外，还有精神和感情上的更高追求。如果一味地为钱所累，就会导致生活失去意义，人们也会变成只会挣钱的机器。既然如此，金钱还有什么意义呢？所谓本末倒置，就是如此。

真正洒脱从容的人，虽然爱钱，但绝不会为钱所累。他们勤奋、努力，凭借自己的能力挣钱，然而从不会不择手段。在满足生存需要之后，他们也会挣钱有度，不会一味地为了钱而废寝忘食。身体健康，是一切发生的先决条件。当你走进医院，看着那些被病痛折磨得奄奄一息的人们，你就会知道健康的身体多么重要。当你失去所爱的人，你会幡然醒悟，后悔自己为什么没有拿出更多的时间来陪伴她。爱钱，但是不要为钱所累，你才能拥有幸福的生活。

不可否认，在人类历史上，金钱的出现对于社会的发展起到了巨大的推动作用，也繁荣了人类的精神文明。然而，在现代社会，越来越多的人眼里和心里都只剩下钱，我们不由地扼腕叹息。如果说人生最重要的是幸福，那么金钱则成为了很多人走向幸福的障碍。它蒙蔽了人们的眼睛，让人们误解了幸福的含义。只有当你成为金钱的主宰，用金钱帮助自己获得幸福的生活，也用富余的金钱帮助他人，为社会造福，你才能获得真正的幸福。如果你像葛朗台一样，拥有金钱，每天晚上都清点一遍，从来舍不得花一分钱，甚至为了保全金钱而阻碍亲生女儿的恋爱，那么你就是金钱的奴隶，根本不配拥有金钱。

金钱和幸福之间没有必然的联系，只是作为幸福的辅助手段。一旦为钱所累，人们就会彻底地远离幸福。对于金钱，古今中外的很多伟大人物，给我们做出了很好的诠释。东晋末期，伟大诗人陶渊明淡泊名利，从不趋炎附势。他文采斐然，才华横溢，为后世留下了很多优美的诗词。尽管如此，他却一生清贫。有一年，陶渊明去彭泽县当县官。临近春节时，他的顶头上司派来官员视察工作。这位官员特别傲慢，刚到彭泽县，就让人传话，命令陶渊明去拜见他。得到消息后，陶渊明对于官员的颐指气使心生不悦。然而，毕竟他官位低，因此只好立即出发去拜见。这时，文员对陶渊明说："拜见上司要衣着整齐，态度谦虚。否则，他一定会在你的顶头上司面前告你的状。"听了这话，原本就刚直不阿的陶渊明不由得气愤地说："我宁可饿死，也不愿意为了这点官饷低三下四。"说完，刚刚到任不到三个月的陶渊明就递交了辞呈，从此再也没有入朝为官。

陶渊明的骨气和气质，值得我们敬佩。他原本想凭着自己的能力在官场上生存，却不愿意卑躬屈膝，低三下四。就这样，他成为了大名鼎鼎的文学家，却终生不再入朝为官，饱经生活的磨难。难道陶渊明不爱钱吗？他当然爱钱，毕竟要养家糊口，他也希望家人过上富足的生活。然而，他更在乎自己的气节，不愿意趋炎附势。这样爱钱，却不为钱所累的高尚品质，让人不由地肃然起敬。

心理课堂

金钱，是压在每个普通人肩上沉甸甸的两个字。如果没有钱，我们就无法生存，更别说提高生存的质量了。然而，金钱虽然很重要，却不是万能的。只有摆脱金钱的负累，摆正心态，我们才能更好地驾驭金钱，让其为我们所用。

归根结底，生活中除了金钱，还有很多值得我们追求的东西。只要以平常心看待金钱，我们就不会因为金钱一叶障目，更不会被金钱蒙蔽了眼睛，无法看清生活的本质。只有成为金钱的主宰，我们才能用金钱为自己创造更多的精神财富，让自己真正拥有幸福。

信义比财富更重要

在人们挤破了脑袋想要赚取更多的金钱时，还有多少人把信义挂在心间？然而，看看那些功成名就的成功人士，他们之所以拥有万贯家财，不是靠着坑蒙拐骗，而是靠着诚信经营。尤其是从世界级的富豪身上，我们更加不难看出信义的光芒。不管是盖茨夫妇，还是股神巴菲特，无不把信义作为做人做事的根本。在中国，几千年来的文明始终在沉淀，信义是一个人当之无愧的美德。几千年来，不管世事如何变迁，人们始终牢记诚实守信的做人之道，走过无数艰难坎坷的时刻，使其成为我们民族精神的灵魂所在。

然而，随着时代的进步，随着市场经济的爆发式发展，人们也开始接受西方思潮的影响，在各种裂变中失去了原本的方向。在3.15晚会中，数不清的真相让人目不暇接，心底透凉。鸡蛋是假的，油是从下水道里捞出来的，每天吃的大米是有毒的，就连瘦肉也是瘦肉精养出来的，给婴幼儿注射的疫苗也是过期的，还有无数的膨大西瓜、三聚氰胺奶粉，简直让人失去了活着的信心。食品安全是如此让人触目惊心，再看看那些体现人性美好的事情吧，诈捐门、诽谤门、抄袭门、美女总裁等，还有最近接连跑路的网络P2P，一件件事情都让人心灰意冷……在这样的社会背景之下，人们还能放心地活着吗？只怕每天都战战兢兢，感觉生命朝不保夕吧！毫无疑问，从各行各业涌现出来的虚假和欺骗之风气，让现代社会已经陷入了诚信危机，还谈何信义呢？！在缺乏信义的今天，暴露出来的是人们一张张面目可憎的嘴脸和心底里的邪恶与不择手段！对此，大名鼎鼎的经济学家吴敬琏痛心呼吁，因为对于一个国家而言，诚信体系的崩塌，必将导致国民经济的衰败，也会严重损害社会体系的发展。当人们越来越冷漠，当人性越来越扭曲，道德也降低到尘埃之中，国家的希望何在，民族的希望何在呢！朋友们，不管财富对于我们多么重要，我们都要坚持以信义为原则，否则，一切都将变成空谈！

从某种角度来说，如果你失去了信义，虽然能够获得短暂的利益，却必将承受长远的失败。因为，财富从来不会青睐不守信义的人，更不会主动围绕在他的身边。既然如此，为何不坚守信义呢！你要坚信，只要你坚守信义，即使眼前吃了一点点小亏，你的人品和高尚的品德，也必将让人们更加信任你，从而团聚在你的身边，为你聚拢财富！

莫泊桑笔下的玛蒂尔德是一位非常美丽的少妇。她的丈夫只是一名普普通通的小职员，收入很低，他们只能勉强维持生活。然而，玛蒂尔德非常喜欢参加酒会，她无时无刻不在憧憬进入上流社会。有一次，她得到邀请，准备参加一次非常隆重的晚宴，便用丈夫平日里省吃俭用积攒的几百法郎做了一件非常奢华的礼服。然而，试穿礼服的她看着自己光溜溜的美丽脖颈，意识到自己还缺少一条昂贵的项链。为了满足自己的虚荣心，她找到有钱的女性朋友，借了一条看起来非常富贵的钻石项链。在晚宴上，玛蒂尔德简直出尽了风头，还有几个贵族都主动邀请她跳舞。她尽情地享受宴会的欢乐，直到晚宴结束，才发现自己丢失了项链。

她推三阻四地推迟还项链的日期，好朋友只提过一次，就没有再要。然而，她却不得不躲避着朋友，每天辛苦地工作，和丈夫一起努力挣钱，节衣缩食，就这样过了十年，她才买了一条钻石项链赔给朋友。因为这十年的艰辛生活，玛蒂尔德原本美丽的容颜日渐苍老，手也变得越来越粗糙。一个偶然的机会，她才知道朋友借给她的那条项链是假的，非常便宜。然而，她已经把十年辛苦才买来的真正的钻石项链赔给朋友了。最重要的，她因为一次的虚荣，付出了十年的代价。

以往，读者朋友们总是从玛蒂尔德身上看到虚荣的影子，却很少有人意识到，玛蒂尔德虽然虚荣，却非常讲信义。在把朋友的项链弄丢之后，她没有推脱责任，而是放下娇生惯养的身段，努力辛苦地工作，和丈夫一起攒钱，只为了赔偿朋友。和现在很多欠钱不还的人相比，玛蒂尔德显然是值得尊重的。当然，我们也要吸取教训，不要再爱慕虚荣。毕竟，人生最美好的年华是短暂的，青春时代的十年对于一个美丽女子而言几乎就是最绚烂的。

和玛蒂尔德相比，下面故事中的这个年轻人则显得不那么光明磊落了。这个年轻人一路前行，背负着七个行囊，里面分别装着健康、英俊、诚信、机智、才华、金钱、权势和荣誉。他走着走着，来到了河边。在渡船上，突然刮起了一阵狂风，撑船的人对年轻人说：“小船不堪重负，你必须丢弃一个行囊。”年轻人思来想去，丢掉了“诚信”。撑船的人不屑一顾地笑了，说：“年轻人，当你把诚信丢掉，就注定了你人生的小船必然倾覆。”果然，一个浪头打来，船翻了，年轻人好不容易才游到岸上，可所有的行囊都沉到了水底。

虽然这是一则寓言故事，却告诉我们一个深刻的道理。诚信是立命之本，如果没有诚信，人生注定要半途而废。随着诚信的丢失，健康、金钱、权势等等，都会接踵离你而去。由此可见，诚信能够帮助我们吸引更多的财富，也能助力我们的人生，让我们的人生更加幸福圆满。

心理课堂

众所周知，如果没有阳光、空气和水，我们就会失去生命。同样的道理，诚信也是我们生命中最宝贵的资源，离开了诚信，我们非但寸步难行，而且会失去很多宝贵的财富。当我们为了获得眼前的利益而践踏诚信时，这就注定了我们也许会短暂地拥有财富，但是精神上却一贫如洗。即使是物质上的财富，也不会在没有诚信的人身边长久地停留，等待他们的必将是困窘的命运。

人品，是一切成功的基础

每个人都渴望成功，因为成功不但能够改变我们的命运，还能给我们带来闪耀的光环。在追求成功的路上，每个人都竭尽所能，想方设法，甚至有些人为了成功不择手段。殊不知，光明正大取得的成功的确能够让人对你刮目相看，然而，如果你采取卑劣的手段获取成功，则会被人唾弃。这是因为，大多数人都认为，能力固然重要，人品更加重要。关于人品，人们曾经说过一个顺口溜，即人品不好是毒品，身体不好是废品。只有身体健康，思想纯净，拥有好的人品，才是真正的人才。由此可见，仅仅能力强是远远不够的。每到春节前后，很多单位领导都会发愁。因为他们面临着招人的窘境。也许有些人会说，现在找工作的大学生那么多，根本不缺人才，招人有什么难的呢？！的确，招人不难，招有才华的人也不难，难的是招人品好且有才华，能够脚踏实地用心工作的人。为此，人们常说，人品才是最高学历。不仅仅用人单位需要人品好的人才，社会也同样需要积极正向、人品好的人作为润滑剂，作为领头羊，为社会营造良好的氛围。人品好的人才，依然成为当代社会稀有且珍贵的资源。如果一个人虽然能力很强，但是人品却很差，为了长远的效益，用人单位不会聘用他。俗话说，一粒老鼠屎坏掉一锅粥，一个人品差的人会让整个团队都陷入恶性循环之中，使得人心惶惶，不可终日。反之，如果一个人能力平平，但是人品很好，这样的人虽然起不了带头作用，但是可以作为团队的中坚力量。团队平稳有序的发展，正是因为他们的存在。还有人把能力比喻成一把双刃剑，假如品德高尚的人拥有超强的能力，一定会有所作为。相反，假如品质低劣的人拥有能力，反而会发生负面的作用。如此一来，他自然是不受欢迎的。

随着高等教育的普及，现代社会有文凭有能力的人比比皆是。然而，人品过硬且能力卓绝的人却少之又少。如果你已经拥有了超强的能力，却始终得不到出人头地的机会，那么不妨反省自己，提升自己的人品，让自己成为炙手可热的稀缺资源。

作为一名普通老师，张宁始终有一个伟大的梦想，即建立一个教育网站，为更多的老师和学生服务。然而，要想依靠自己的力量实现这个梦想，显然有些困难。目前，他每个月的工资只有四千多元，成功地开设网站，却需要几百万元。即便如此，他始终没有放弃希望。每当工作闲暇，他就会把自己的一些教育论文、课件等发表到自己的博客上。有一次，他家访的时候认识了一名学生家长。在闲谈中，张宁把自己的梦想告诉了学生家长。几天之后，学生家长找到张宁，说："张老师，我给你投资五百万，你开始做网站吧！"

张宁有点儿丈二和尚摸不着头脑，这可真是天上掉馅饼的好事啊！然而，五百万不是个小数目，万一失败，他真的赔不起。这时，学生家长毫不犹豫地说："赚了平分收益，赔了全都算我的！"张宁辞掉了教师的工作，开始操作筹备网站。他在全国范围内招募了很多有才华的教师、网络研发工程师，废寝忘食地投入了工作。很快，五百万的投资款就全部用完了，但是网站只是具备了雏形。看到张宁为难的样子，学生家长又找朋友一起合伙投资了六千万，这几乎是他和朋友所有的资产。这下子，张宁再无后顾之忧，经过五年艰苦卓绝的研发，最终成功打造了一个涵盖九年义务教育所有课程的教育资源平台。此后，他在网络上推广自己的教育科研产品，没过几年就收回了成本。

后来，有人问学生家长："你为什么敢把所有的钱都投给张宁呢？"学生家长笑着说："我当然不是盲目投资。在家访时第一次听张宁说起他的梦想之后，我就非常感兴趣。但是，我不知道张宁的人品如何，就在请他吃饭之后又邀请他去蒸桑拿、按摩，不想，他的脸马上羞得通红。我就知道，他是一个非常老实本分的人。后来，又经过几次接触，我看到他不但人品好，做事情也特别认真，所以才大胆地进行投资。事实证明，我的眼光没错，人品好的人一定能获得成功。"

在这个世界上，很多人有好的项目，却没有资金启动。也有些人有闲散的资金，不敢轻易撒手投入某个项目。如果每个人都有着良好的人品，让人感到非常踏实可靠，那么像上述事例中的成功合作，就会更多。

心理课堂

人品，是你的名片，代表着你的为人秉性。不管是在生活中，还是在工作中，人们一定愿意和人品好的人打交道。如果人品不好，那么即使能力再强，也没有机会展示出来。退一步说，即使超强的能力得到了展示，他人也会因为恶劣的人品而对其敬而远之。

如果你想成功，不管你现在的职位是高还是低，你都要怀着一颗踏实肯干的心，用心投入地工作。你要相信，只有付出才会有回报，成功是没有任何捷径的。

你不理财，财不理你

随着物质生活的极大丰富，相信大多数人对于金钱的需求也越来越高。尤其是随着生活水平的提高，我们从原本清贫的生活过渡到享受和滋润的小资生活，同时，我们对于金钱的需求也水涨船高。那么，如何让我们在收入差不多的情况下，拥有更多的财富呢？在老一辈人的心中，节约是集聚财富的重要手段之一。因此，他们习惯了省吃俭用，也很少享受。然而，在越来越高的消费面前，一味地节省并不能集聚大量财富，也无法帮助我们发家致富。只有学会理财，才能让钱生钱，坐在家里就能享受收益。当然，理财的方式有很多。现代社会，随着房地产业的繁荣兴盛，很多普通百姓选择把辛苦积攒了一辈子的钱拿来买房，然后出租，或者等到升值之后出售。这无疑是一种理财的好方法，不过只适合短期内不需要用钱的长线投资。如果随时都有可能需要用钱呢？很多人选择把钱投资在股市中。然而，在现在跌宕起伏的股票市场中，能够做到稳赚不赔的人简直凤毛麟角。相比股票，基金则显得稳健一些。可以作为中期投资的选择。如今，还涌现了很多P2P平台，然而，随着理财平台捐钱跑路的事情时有发生，人们越发不敢随便相信高收益。思来想去，理财真的是一件伤脑筋的事情，正因为如此，我们更加需要用心对待。常言道，你不理财，财不理你。要想拥有更多财富，必须多多用心，了解理财产品，熟悉更多的理财途径，这样才能更快地发家致富，让小日子过得风生水起。

子乔和曼丽是大学同学，同一年毕业，毕业后进了不同的学校当老师，收入相当。子乔的性格大大咧咧的，很少精打细算，属于典型的月光族“负翁”。曼丽呢，虽然和子乔一样每个月只有三千多工资，但是花费了很多精力研究理财。她把每个月的工资都拿出一部分用于投资，因为钱本身不多，所以她选择的是基金定投，每个月固定买一千元。此外，她还拿出五百元零存整取，剩下的大概两千元则用于生活的基本开销，其中有几百元是用来买书或者报名参加培训班提升自己的。两年时间过去了，曼丽不但有了五六万元的存款，还考取了中级职称，成为了学校年级组的学科带头人。子乔呢，依然是个月光族，总是买一些时髦的衣服，入不敷出，有的时候还需要向父母寻求支援呢！

看到自己和曼丽的差距，子乔懊悔不已。她看着显然已经步入小康的曼丽，羡慕地说："曼丽，你也帮我做做规划吧，我也想过上你这样的小资生活呢！"

老话说，一步跟不上，步步不赶趟。对比子乔和曼丽的生活，子乔真的是落后了一大截。虽然曼丽五六万元的存款也不算是大数目，但是对于刚刚毕业两年的她们而言，这也是一笔巨款了。有了这五六万元作为资本，曼丽可选择的投资项目就多了很多，她的生活基础也高出了很多。作为年轻人，在原本收入就不高的情况下，就应该未雨绸缪，才能提前积累，不至于在需要用钱时措手不及。

心理课堂

你不理财，财不理你。尤其是对于收入不高的年轻人而言，千万不要觉得没多少钱，就忽略了理财这件重要的事情。只有时刻把理财记在心间，才能更好地培养自己的理财观念，养成随时理财的好习惯。要知道，在工资收入之外，凭借自己聪明的理财头脑，为自己赢得额外的收入，这是一种非常美妙的体验。

和众多理财方式相比，把钱存在银行，无疑是一种非常OUT的理财行为。要知道，银行的利息现在远远抵不上通货膨胀的速度和力度，所以从某种意义上来说，把钱存银行就相当于钱的贬值。和几十年前不同，现代社会的理财方式越来越多，只要处处留心，不管你是有着雄厚资金的钻石王老五，还是只有一些闲散零花钱的小资，总能找到适合自己的理财方式，让自己拥有更多的财富。

第10章

丰富精神家园：强大的内心是吸引力的核心

纵观历史长河，大凡能够在众人之中一呼百应的人，无不有着强大的内心。的确，如果一个人自己本身就很脆弱，如何能够号召和影响他人呢？由此可见，与其羡慕他人有着神奇的人格魅力，不如从现在开始修炼自己的内心，让自己变得更加坚强果断，即使面对坎坷挫折，也能云淡风轻，坦然自若。

内心的强大让你无人能敌

现代社会，人们似乎普遍缺乏安全感，即使拥有很多，依然害怕失去和得不到。相比几十年前，我们的父母辈虽然过着清贫的生活，每个月领着微薄的薪水，或者只是守着几亩薄田，但是他们却那么安详快乐，幸福感非常强。究其原因，这是因为我们的内心越来越脆弱，不知道如何面对我们的人生。早在二百多年前，丹麦著名的大思想家克尔凯一生清贫，只度过了短短几十年就与世长辞。然而，他活着的时候从未因为贫困潦倒而惶惑不安，而是非常安宁快乐。这样的人生，并非每一个凡夫俗子所能拥有的。然而，我们却应该竭尽所能地享受快乐，淡定平和。只有成为精神上的贵族，我们才能拥有幸福平和的人生。也只有拥有强大的内心，我们才能坦然面对人生的坎坷挫折，不抱怨不恐慌，淡定从容。

很多人都说自己没法淡定，因为生存的压力太大。即使大学毕业，也未必能够找到一份满意的工作，更不确定是否会拥有美好的未来。正是因为对未知的恐惧，有极个别的大学生在毕业前夕选择结束自己年轻的生命，以此逃避未来和责任，丝毫不顾及年迈的父母和对其饱含希望的亲人。这样的年轻人，无疑是自私的。他们的心理太脆弱，不懂得承担和分担。与他们恰恰相反，有些人虽然一生之中饱受挫折，但是却从不放弃。诸如张海迪，身残志坚，还尽力地回馈社会；再如桑兰，在如花似玉的年纪高位截瘫，非但没有一蹶不振，还努力地学习，现在拥有幸福的家庭，已经成为母亲……在西方社会，海伦的事例鼓舞了无数年轻人，让他们振奋信心，勇敢地面对生活。和这些生活中的勇者相比，当我们仅仅因为一些工作上的不顺利或者生活中的不如意，就怨天尤人，一蹶不振，我们真的应该感到惭愧。不管什么时候，身体的健康都是命运赐予我们的最好礼物。如果仅仅因为一点点不如意就自暴自弃，这样的人无疑是不值得怜悯的，也不值得我们去支持他，鼓励他，赞扬他。由此可见，要想吸引强大的人气，得到大多数人的拥护和爱戴，我们首先应该学会自强不息，坚韧不拔，否则，就不可能得到众多人的认可与支持。

刚刚过了一岁半，年幼的海伦就患了猩红热。这场重病险些夺去她的生命，最终，她虽然从死神的魔爪中逃了出来，却从此失去了视力和听力，成了聋哑人。对于一个一岁半的幼儿来说，这几乎是灭顶之灾。渐渐地，她失去了语言能力，只能生活在无声无光的世界。幸运的是，小小的海伦有着顽强的生命力。在家庭教师的指导下，她开始读书、学习。在几年的努力之后，她还通过触摸的方式，学会了说话。自此，海伦的人生迎来了柳暗花明。她学习了多国语言，还阅读了大量书籍。在二十四岁那年，她以优异的成绩大学毕业。此后的六十多年时间里，她在世界各地举办演讲，为聋哑人的教育奔波。海伦的事迹不但在美国尽人皆知，在全世界都引起了广泛反响。与此同时，海伦还走上了写作的道路，写出了很多鼓舞人心的作品。其中，尤其是《假如给我三天光明》最为人所知。

从海伦身上，我们不难感受到生命的顽强力量。很多时候，我们过着平凡的生活，稍有不如意就怨声载道，根本不知道拥有健康的身体是多么幸福的事情。如果此刻你依然感到不愉快，或者不满足，不妨想想海伦的一生吧。虽然她对于光明的记忆永远地停留在一岁半，但是，她却活出了属于自己的精彩人生。如果我们人人都有海伦的精神，一定能够更加感恩生命，感恩命运，也更加珍惜身边的万事万物。

毫无疑问，这就是强大的内心拥有的力量。它能改变命运的轨迹，让我们顶风冒雨，依然活得精彩无憾。当然，强大的内心并非意味着气势上咄咄逼人，很多时候，越是内心强大的人，反而更加谦逊、低调。当你看到一个人动辄就咆哮，那恰恰意味着他内心的脆弱和不安。从现在开始，就让我们开始修炼自己吧。拥有一颗强大的内心，我们才是无往不胜的！

心理课堂

很多人努力提升自己的学历，增强自己的能力，只为了在找工作时拥有更多的资本。殊不知，在职场压力越来越大的情况下，强大的内心才是你傲然职场的最强武器。当你拥有强大的内心，不管什么时候，工作的压力都不能压垮你，同事之间的勾心斗角也无法让你望而却步。当你傲然屹立在职场上，你一定会得到领导的赏识和重用，还愁得不到更好的工作机会吗？！要想战胜一切的敌人，超越所有的障碍，就从修炼内心开始吧！

停滞不前就是最大的退步

以往，我们总是说学习和工作如逆水行舟，不进则退。在现代快节奏、高强度的生活压力下，生活也同样如逆水行舟，不进则退。不管在什么情况下，我们都应该不忘初心，努力进取，唯有如此才能适应现代社会，为自己赢得一席之地。

面对命运的不公平，很多人都会抱怨。实际上，人生之中根本没有绝对的公平，一切的公平都是相对的，都是在一定的规则范围内的。这就像是一个天平，如果你想得到更多，那么你必须承受更多。同样的道理，如果你希望过着轻飘飘的生活，那么你就只能降低自己的欲望，不要奢求太多。每当看到成功者的事迹介绍，往往有人会安慰自己：他运气真好，我却总是这么倒霉？！事实真的如此吗？看看那些成功者的人生轨迹，你会发现他们并非总是一帆风顺，甚至承担了比普通人更多的压力和坎坷。他们之所以能最终傲然屹立，就是因为不管是顺境还是逆境，他们从未停滞不前。在顺境中，成功者从不骄傲，更不盲目乐观，而是更加小心谨慎地反思自身，制定新的方案，努力实现人生的梦想。即使是在逆境中，他们也从未倒地不起，而是在哪里跌倒就马上从哪里爬起来，拍打身上的泥土，继续风雨征程。这样的人生态度，如何能不进步呢？在强者的心里，停滞不前就是最大的退步，因此，他们要求自己每时每刻都要一往无前。

当命运为你关上一扇门，肯定还会给你打开一扇窗。想到这里，你还会不停地哭泣，在错过太阳之后，又因为泪眼迷蒙而错过群星吗？任何时候，握在手里的幸福才是真正的幸福，我们不能望梅止渴，也不能因噎废食。记住，只有努力奋进，你才能逆水行舟。实际上，当人们把一切遭遇都归咎于命运时，不妨想一想，实际上是我们自己创造了人生。内心强大的人，往往对于人生有着清晰的目标，不管遇到什么样的艰难困境，都能始终一往无前地，向着目标奋进。有些人则非常胆怯懦弱，一旦遇到小小的坎坷和挫折，就马上放弃，自己首先否定自己。这样一来，他们只能距离人生目标越来越远，根本不可能实现人生的目标。当你在困境中坚持着，支持自己走过最艰难的时刻，身边的人一定会衷心地为你竖起大拇指，这样一来，你自然会赢得他们的尊重和信赖，也会获得他们的支持与认可。由此，你会形成强大的磁场，以超强的吸引力吸引大家聚拢在你们身边，为你们的成功添砖加瓦。

宏明是一家物流公司的老板，自创业以来，他用三年时间带领公司快速发展，如今，公司的运转良好，连连盈利。对于现状，宏明非常满足。他常常说："我最初只是一个普普通通的快递员，几乎没人正眼看我。现在，我拥有这么大的公司，养活几十口员工，已经非常满足了。"然而，随着网购越来越热，物流业的发展也非常迅猛。眼看着宏明的物流公司墨守成规，渐渐地业务量越来越萎缩。其实，宏明的想法很简单，他只希望公司保持现在的良好状态。遗憾的是，商场如战场，不进则退。在宏明的安分守己中，几家大的物流公司都盯上了这块蛋糕，都想吞并宏明。

宏明的合伙人马玉意识到这个问题，几次三番劝说宏明千万不要坐以待毙，而要主动出击，抢占先机。然而，宏明不愿意冒险进取。果然，两年之后，宏明的物流公司被吞并了，宏明也从响当当的老板变成了一个部门主管。看到这样的结果，宏明后悔极了：哎，要是我当初能够主动出击就好了！也许，我还能趁势吞并别人呢！

对于公司良好的状况，每一个老板当然都想维持。不过，如果是没有野心的老板，只想像宏明一样安守本分，只怕也会最终难逃被吞并的厄运。现代社会的商场，竞争异常激烈。尤其是在市场经济下，一切都由市场说了算。市场呢，则变幻莫测，所以要想守住江山，必须随时都怀着警惕的心态，努力改变自己，顺势而为，把长处发扬光大。

心理课堂

在人生之路上，没有人能够保证自己不犯错误。我们不能因噎废食，因为怕犯错误就不再去做。要知道，即使做错了，也比什么都不做强得多。一切的机会和可能性，都在做的过程中才能得以体现和发现。努力修炼自己的内心吧，当你能够坦然理智地面对失败时，你就真正变得强大起来了！

坚韧不拔，才能迎来柳暗花明

坚韧不拔，顾名思义，就是不管遇到什么情况都毫不动摇，坚持初心。简而言之，坚韧不拔就是在任何情况下的坚持和执着，是对生命最坚定的守候。常言道，人生不如意十之八九。在生活中，每个人都会遇到坎坷和挫折，而所谓的一帆风顺或者万事如意，只是人们最真诚的祝福和最热切的渴盼。一旦遇到困难的时刻，能够帮助我们渡过难关的，唯有坚韧不拔的品质。坚韧不拔具有非常顽强的力量，就像是被压在石块下面的草种，只要一息尚存，就会不遗余力、想法设法地从石块底下探出头来，看看这个美妙的世界。从猿进化到人，人类也经历了漫长的过程。为了摆脱茹毛饮血的生活，聪明的猿不得不直立行走，还发明了火，不再吃生的食物。对于人类文明而言，这是具有划时代意义的一步。这一步的实现，离不开坚持，离不开韧性。

在人类的肉身之上，头发是最坚韧不拔的东西。虽然头发看起来非常柔韧，即使是微风轻抚，它也会随之翩然起舞。然而，头发是非常有韧性的。一根头发，能够承受比自身重数倍的物体，却不会断开。在考古学家的发掘生涯中，更是经常见到历经千百年依然存在的发丝。要想在艰难的生活中找到希望，我们也应该具有头发的品质和精神，不管承受多大的压力和重量，都无怨无悔。很多人都曾经抱怨命运的玩笑，却不知道命运是在磨砺你的心性，准备给你艰巨而又光荣的任务。如果你扛过了这个难熬的时刻，你就有了明媚的未来。相反，如果你就此倒下，就很难有机会重头再来。只有坚韧不拔的人，才能迎来柳暗花明的时刻。

纵观历史长河，那些伟大的人物都曾经有着不堪回首的人生过往。诸如，左秋明在失明之后，没有自暴自弃，而是写出了流传千古的《左传》。我国著名的史学巨著《史记》，也是在司马迁遭遇宫刑之后写下来的，自此，无人能超越他。正是坚韧不拔的品质，让这些伟大的人物坦然面对人生的坎坷和磨难，不忘初心，最终青史留名。可以说，不管做什么事情，如果没有坚韧不拔的品质，就注定会一事无成。举个最简单的例子，学习同样需要坚韧不拔，需要坚持。如果总是三天打鱼两天晒网，我们就不可能学有所成，更谈不上报效祖国。再如，即使是做一件最简单的事情，如果能够坚持不懈，也会有所作为。这就是坚持的力量。

举世闻名的音乐家贝多芬，身材非常矮小。他从小家境贫寒，父亲更是嗜酒如命。为此，贝多芬每天都被父亲逼迫着练琴，没有一刻休息的时间。他的酒鬼父亲一心一意想把他培养成音乐家，将来好挣很多的钱。就是在这样长年累月、艰苦卓绝的练习中，贝多芬的音乐素养得到了提高，最终拜莫扎特为师。在第一次即兴演奏音乐给莫扎特听时，贝多芬发挥非常好，他高超的音乐才华，让莫扎特惊讶不已、赞叹不已。莫扎特甚至当即下了定论，说贝多芬会让世界震惊。遗憾的是，贝多芬跟随莫扎特学习没多久，就因为母亲去世伤心过度，几次三番身患重病，险些丢了性命。

几年之后，贝多芬离开家乡，来到维也纳。然而，没过多久，他就发现自己听力减弱。对于以音乐为毕生追求的贝多芬而言，这简直是个天大的噩耗。他独自守着这个秘密，痛苦不已。后来，他所爱的姑娘因为爱慕虚荣，嫁给了他人。此时此刻，承受着失恋和失聪双重打击的贝多芬，创造了很多作品。后来，贝多芬再次被未婚妻抛弃，因为经济困窘，过着悲惨的生活。即便如此，他依然没有向命运屈服，而是创作了很多深刻的作品。直到他年轻的生命离开人世，他都是那么坚韧不拔，那么不屈不挠。

贝多芬的命运是悲惨的，他两次被所爱的女人抛弃，又失去了对他而言最重要的听力，且终生与贫困和疾病相伴。然而，他又是幸运的。因为他拥有坚韧不拔的品质，因为他从未向命运屈服，反而扼住了命运的咽喉，创造了无数优秀的作品。对于贝多芬短暂的一生，罗曼·罗兰给予了极高的评价：没有任何胜利能与这场胜利相提并论，包括波拿巴的所有战争，包括奥斯特利茨最灿烂的阳光，都不曾达到这种至高无上的光荣，更未曾有心灵获得这样的胜利！

对于这样的褒奖，贝多芬当之无愧。正是因为坚韧不拔，他才创造了属于自己的辉煌。朋友们，如果你们现在也正在经历命运的坎坷和磨难，不妨鼓起勇气，相信一切都会过去。就像现在正在热播的电视剧《守婚如玉》上的妈妈说的：只要活着，一切都能熬过去。是的，活着，才有可能更好地活着。古今中外，很多名人都曾经依靠坚强的毅力，度过生命中最艰难的时刻。例如，居里夫人费尽心血，才发现和提炼出镭射线；曹雪芹为了写作《红楼梦》呕心沥血……这就是人生的境界。

心理课堂

伟大诗人屈原曾说，“路漫漫其修远兮，吾将上下而求索”。其实，不仅仅做学问如此，生活更需要这样的精神。不管遇到什么情况，我们都应该以坚强地活着为原则，竭尽所能地面对自己的困境，不遗余力地解决问题，这样才能为自己争取更多的机会，获得人生的成功！

没有人能拒绝热忱的灵魂

热忱是生活的灵魂，甚至是生活本身。要想更好地拥抱和享受生活，我们首先应该拥有热忱的心，进而使其贯穿我们的生活。人生，总是喜乐掺半，百味俱全。当我们感到幸福和甜蜜时，内心自然觉得充满希望。一旦遇到坎坷和挫折，我们马上又会像霜打的茄子一样，不知道怎样面对自己的未来。实际上，幸福和希望始终存在于人生之中，关键在于我们能否时时刻刻都看见他们。正如一位名人所说的，生活中并不缺少美，而是缺少发现美的眼睛。我们要说，生活中并不缺少希望，而是缺少感受希望的心。当你失去了一棵参天大树，千万不要悲悲戚戚，直至因此而失去整片森林。当你怀着积极的心拥抱生活，你会幡然大悟：哦，生活原来这么美好，有这么多能够帮助我们鼓起勇气的理由！

拥有热忱的灵魂，并不仅仅是一句口号。当你意识到你应该热情真诚地对待生活时，你就应该马上调整自己的心态，让点点滴滴的热忱都落到实处。例如，你应该经常反省自己，让自己用好的眼光看待身边的人和事物；再如，当你被不良情绪环绕时，你应该始终鼓励自己，让自己更加积极乐观，情绪始终饱满向上。即便你真的非常沮丧，你也要在脸上挂着微笑。渐渐地，你会发现在微笑的掩饰下，你的心情居然真的好起来，就像是阳春三月明媚的天。看看生活中那些有所成就的人吧，不管是处于人生的顺境还是逆境之中，他们始终能够保持积极的心态，更不曾自暴自弃，怨声载道。

在现代职场上，热忱更是工作的灵魂。很多人不明白自己努力工作，为什么不能得到应有的回报。如果你也有这样的困惑，不如问问自己：我是否满怀热忱地工作。世界上的万事万物都有自己的感觉，包括生活，包括工作。你以怎样的心态对待它们，它们就会回报给你相应的酬劳。有一位著名的哲学家说过，兴趣是人类最好的老师。当你从事自己感兴趣的工作，你一定会事半功倍，表现优异。这并非是兴趣帮助你更好地完成了工作，而是因为你对兴趣的热忱辐射到工作上，使你在工作上也有了优异的表现。一个人仅仅有能力，可以合格地完成工作。只有当能力结合热忱，才会使其在工作上出类拔萃。这就是热忱的魔力。

很多人会担心，热忱是否会有用尽的时刻。其实，这种担心完全是多余的。痛苦在与人分享之后会减半，但是热忱和快乐一样，在与人分享之后只会成为双份。从这个意义上说，热忱是一种资产，能够不断地在分享之中增加，在投入之中变得更加饱满。明智的人知道，生命对我们最慷慨的馈赠，不是物质的得到，而是热忱投入之后精神上得到的极大满足。这也是我们一生之中最重要的感受之一。从能力的角度来说，热忱是一种非常重要的能力，其中蕴含着巨大的能量。热忱不但改变我们的心态，激发我们的潜能，也会让我们成为一个吸引力强大的磁场，吸引我们身边的人更加支持我们、赞许我们。热忱还能感染我们身边的人，让他们也变得精力充沛、精神抖擞，一往无前地向着人生目标奋进。只要发挥热忱的力量，你的人格魅力才会大大提升！

在结婚三年之后，玛丽带着两岁的儿子离婚了。原本，离婚是一件伤筋动骨的事情，一定会让作为弱势的女性很长时间都萎靡不振。然而，玛丽却与众不同。虽然她遭到了丈夫的背叛，但是她从不抱怨。在利用年假办理好离婚的相关事情之后，她又回到了生活的正轨，每天正常上班下班，跳舞健身，还报名参加了油画班。每到周末，她就回父母家接上孩子，一起去公园、景点游玩。总而言之，她的生活似乎比结婚时更加悠闲从容。

没过多久，她在油画班认识了一位中年男士。这位男士仪表堂堂、谈吐不俗。后来，玛丽才知道，他原来是一家大型网站的CEO，年薪以百万计。随着交往的深入，玛丽对这位男士的印象越来越好。不过，家人都纷纷表示反对，因为他们觉得这样优秀的男士也许只是和玛丽逢场作戏。然而，让所有人都大跌眼镜的是，半年以后，这位男士正式向玛丽求婚，并且在征得玛丽同意后，很快就举办了一场盛大的婚礼。包括玛丽的父母在内，都恍若做梦，不相信女儿带着孩子能找到如此优秀的单身男士。

在婚后的某一天，玛丽的姐夫和这位现任妹夫聊天，问："你究竟喜欢玛丽什么？以你的条件，你完全可以有更好的选择啊？"玛丽的老公笑着说："我喜欢她的真诚和热情。我当然知道她的经历，正因为如此，她的真诚和热情才显得更加可贵。尤其是她眼底对生活的热忱，让我倍加珍惜她。我相信，她一定会给我幸福。"的确，玛丽从未因为离婚而抱怨，而是始终对生活满怀希望。这一点，从她在离婚之后的表现中就可以确定无疑。

就连美好的爱情，都对热忱的女子青睐有加。既然如此，我们还有什么理由抱怨呢？从现在开始积极地拥抱生活吧，这是一件多么美好的事情啊！当你眼底也流淌出真诚和热情，也怀着赤子一般的热忱，生活自然会厚待你。

心理课堂

没有谁的人生是一帆风顺的。即便是你穿一双新鞋子，鞋子也要与脚磨合几天。每当这种情况下，与其抱怨，不如想办法让鞋子变得柔软舒适。生活也是如此，与其抱怨命运不公，不如从此刻开始拥抱命运，坦然接受命运的安排，也更好地享受属于自己的人生。

当你因为热忱变得像阳光一般温暖，你一定会吸引更多盛开的鲜花围绕在你的身边。

淡定从容，才能云淡风轻

现代社会，在熙熙攘攘的人群中，淡定从容的人越来越少，焦灼不安的人越来越多。也因此，云淡风轻的状态渐渐远离了我们的生活，只剩下聒噪和烦扰。实际上，生活本就多艰，我们又何必处处和自己过不去，和别人争执是非短长呢？淡定从容是一种平和的心境。很多人，因为外物时而欢喜，时而悲伤，甚至歇斯底里，最终伤害的还是自己。只有以平和的心态待人处事，从容应对人生接踵而至的各种突发状况，我们才能更好地坚守自己的命运，把握己的人生。

在古代，很多文人志士隐居山水田园，不愿意入朝为官，就是看清了生活的本质，不想与贪官污吏同流合污。当然，在现代社会的生存压力下，想要隐居几乎是不可能的，每个人都必须融入社会，努力工作，才能更好地生存。那么，我们也应该顺势而为，改变自己，顺应潮流，从而获得渴望的宁静。例如，当你觉得职场不如意时，不如想一想，世界上不可能所有人都迎合你的欢喜而存在，既然你改变不了别人，那么就要尝试着改变自己。再如，生活中遇到坎坷挫折时，不如想想那些功成名就的伟人。他们之所以能有今天的淡定从容，就是因为他们从来不曾吝啬，而是怀着一颗宽容的心。正因为如此，他们始终能保持心绪的宁静，从不因为自身的事情或者外物，而或喜或悲。正应了古人那句话，“宠辱不惊，闲看庭前花开花落；去留无意，漫随天外云卷云舒。”当你处于人生的顺境，切勿得意忘形；当你处于人生的逆境，也不要悲观绝望，一蹶不振。人生，就是超越一个又一个坎儿，再获得一次又一次的成功。至于灾难何时发生，没有人能够预见。记住，如果你因为打翻的牛奶彻夜哭泣，那么你终将失去更多。

古今中外，能够从容对待生活的人，大多数都是充满智慧的人。从某种意义上来说，淡定从容必须有理智的支持，才能更好地实现。智者，从来不会人云亦云，更不会惊慌失措。既然一切已然发生，唯有理智面对，才是最好的选择。与其让生活因为慌乱变得更加糟糕，不如淡定相对，让生活即使坎坷也不失从容和优雅。淡定从容也是一种境界，没有至高的修为，无法做到真正的无怨无悔。林则徐曾说“壁立千仞，无欲则刚”，文天祥也曾说“人生自古谁无死，留取丹心照汗青”。这是怎样的豁达，才成就了他们的伟大。虽然我们未必能够拥有和伟人一样跌宕起伏、精彩绝伦的人生，但是平凡的人生同样会有高潮和低谷。不管是在春光正好的时刻，还是在沮丧绝望的波谷，都不要一蹶不振。只有以平常心对待这一切，我们才能更好地面对人生，坦然从容。

三国时期，诸葛亮足智多谋，淡定从容。不管面对什么局面，都能够做到镇定不迫。有一次，在鲁肃的引荐下，诸葛亮面见东吴的诸多谋臣，虽然遭到了众人的刁难，但是他却毫不惊慌，而是凭借聪明才智和三寸不烂之舌，把众人反驳得百口莫辩。其中，尤其以下面这段话最为精彩。在张昭毫不留情的质疑下，诸葛亮笑着说：“大鹏展翅翱翔，那些小小的麻雀根本不能理解它的伟大志向。它的志向难道是那些小燕雀能认识的吗？比如一个人得了多年的痼疾，应当先给他服药，然后再喝养胃的粥。等他身体适应些了，再吃肉类的食物和强效的药，从而彻底痊愈。假如一开始就下猛药，吃厚腻的食物，那么他就很难安然了。我主刘备，以前曾经遭受失败，兵力损失严重，只剩下几员大将，也像是人病入膏肓。然而，他只能暂时寄身偏僻的新野。即便如此，他依然能够大败曹军，威风不减，大仁大义。战场上，有胜有败，是很正常的。要想让天下太平，就必须多多谋划，仅靠虚张声势、巧舌如簧，是没有用的。这样的人，才会让天下耻笑！”诸葛亮的一番话，说得张昭哑口无言。

虽然遭到众人的围攻和质疑，但是诸葛亮丝毫没有因此而焦躁、急迫。相反，他有条不紊，条分缕析，不但有理论，也有事实的论证，最终说得张昭无言以对。人生就是如此，虽然我们不是诸葛亮，但是，人生也如战场般变幻莫测。唯有以一颗淡定从容的心，才能拥有云淡风轻的人生。

心理课堂

淡定从容是一种人生的态度，云淡风轻，是一种生活的状态。只有充满智慧的人，才能在生活的常态下，保持这样一种静的状态，从而帮助自己拥有宁和的心态。尤其是在现代社会，灯红酒绿，人们总是要面对形形色色的诱惑。唯有淡定从容，才能最终赢得圆满的人生。

谦逊，是比骄傲更强大的力量

古往今来，大凡真正有才华有能力的人，都会选择以谦逊的态度面对这个世界。的确，每个人自从呱呱坠地开始，便必须面对纷扰复杂的外界和跌宕起伏的命运。很多时候，我们原本以为岁月静好，生活是一往如常，却意外地发现总会有突然的状况不期而至，导致我们手足无措，根本不知如何面对。在这种情况下，如果你遇到的是惊喜，那么当然会一蹦三尺高，欣喜若狂。反之，如果你遇到的是惊吓，又当如何呢？当然，除了从容淡定，惊慌失措之外，谦逊和骄傲，同样是一对面对生活的态度。古人云，人生得意须尽欢，古人又云，宠辱不惊，闲看庭前花开花落。每个人都有决定自己态度的权利，你当然可以选择骄傲地高调做人，你也可以选择谦逊地低调做人。很多人误以为骄傲才能扬眉吐气，殊不知，谦逊是比骄傲更强大的力量。就像一个空瓶子，盛着半瓶水，总是很容易就会溢出来。如果装满一瓶水，反而不容易倾洒。做人，也应该装满一瓶水，而不要成为容易晃荡的半瓶水。

现代社会瞬息万变，形式复杂，作为其中的一员，我们总是需要面对形形色色的状况。那么，你的态度是怎样的？是骄傲，不屑一顾，还是低调谦逊，平和冷静？毫无疑问，不管是从人际关系的角度，还是从解决问题的角度，我们都应该选择后者。也许有人会说，现代社会是看重实力的。殊不知，谦逊是比骄傲更加强大的力量。一个人也许会因为外强中干的态度被否定，却不会因为内心宽和、表现从容而被藐视。要知道，只有内心强大的人，才能始终从容淡定，毫不惊慌，更不会手足无措。所谓谦逊，顾名思义是一种谦虚的态度，是一种礼让的选择。在人际关系中，谦逊扮演着不可替代的角色，起到润滑人际关系的重要作用。中华民族有着上下五千年的文明历史，谦逊更是优秀的传统美德。尤其在人际关系之间产生矛盾时，唯有谦逊，以德报怨，才能真正地化干戈为玉帛。反之，如果揪着对方的错误不放，义正词严，虽然也无可指责，但却终归显得过于小家子气了。从某种意义上来说，要想从气势上压倒一个人，我们也许可以采取骄傲的方式。然而，要想真正从心理上征服一个人，我们还是应该以谦逊为力量，让对方心服口服，彻底折服。

官渡之战后，刘备兵败曹操，不得不去投奔刘表。曹操早就赏识刘备的谋士徐庶，为了骗徐庶回许都，便说徐庶的母亲身患重病。徐庶很清楚自己一去也许再无机会回来，因此临行之前，告诉刘备隆中有个特别有才华的人，叫诸葛亮。他还对刘备说，假如能够得到诸葛亮的辅佐，一定能够权及天下。

次日，刘备和张飞、关羽一起，带着厚礼，出发去隆中，想拜见诸葛亮。然而，他们只见到书童，诸葛亮并不在家。书童也不知道主人什么时候才能回家，因此刘备一行悻悻而归。没过几天，刘备一行再次顶风冒雪来到隆中。这次，他们兴奋地看到一个年轻人正在伏案读书。遗憾的是，这个年轻人是诸葛亮的弟弟，诸葛亮会见朋友去了。刘备失望极了，只好亲自提笔修书一封。在信中，他对诸葛亮表达了仰慕之情，并且说自己非常希望能够得到诸葛亮的辅佐，得到天下。

很快，新年就要到了。在新年前夕，刘备找了个黄道吉日，再次来隆中拜访诸葛亮。这次，诸葛亮正在午睡，刘备便让张飞、关羽在台阶下等候，自己则站在门口，毕恭毕敬、安安静静地等诸葛亮醒来。过了很久，诸葛亮才睡醒。刘备马上上前拜见，并且谦虚地请教。诸葛亮被刘备的谦逊感动了，说："曹操在北，占据天时；孙权在南，占据地利；将军唯有人和可占据，从而占领西川，成就大业，与曹操、孙权三分天下。"诸葛亮的分析入木三分，刘备佩服不已，当即请求诸葛亮出山，助他一臂之力。诸葛亮欣然应允。

在刘备三顾茅庐求见诸葛亮时，诸葛亮非常年轻，只有27岁。由此可见，刘备的态度是多么谦逊真诚。对于这样一个初出茅庐的年轻人，刘备只因仰慕其才华，便几次三番登门求见，这种虚怀若谷的态度，让人钦佩。

对于骄傲，富兰克林曾说，骄傲是人类最难抑制的感情。人们为了战胜骄傲，不停地与其斗争，最终却在战胜骄傲之后，又因为自己的谦逊真诚而不知不觉犯了骄傲的错误。的确如此，骄傲的情绪渗透在我们的生活中，让人难以防范。正因为如此，我们才更要端正心态，戒除骄傲。

心理课堂

谦逊的人很善于克制自己，也从不自满。他们能够掌握自己的欲望，让自己拥有更好的心态。谦逊适用于多种多样的关系中，例如朋友之间、同学之间、同事之间……假如我们把谦逊的态度融入自己的生活，我们的人际关系一定更加和谐融洽，我们的生活和事业也会更加平顺！

读书，让你的心灵更坚强柔韧

现代社会，知识更新的速度如此之快，已经远远超出了人们的预期。曾经，大学生毕业之后，知识可以保持一段时间的新鲜度，如今，大学生几乎在刚刚毕业时就会发现，他们在校园里所学的知识已经落伍。如此一来，终身学习呼之欲出。几乎每个人，要想在生活和工作中保持强劲的动力，都必须时刻学习，养成终身学习的好习惯。

当然，读书虽然是学习的手段之一，却并不是学习的唯一方法。同样的道理，读书除了能够帮助我们汲取更多的知识之外，也能开阔我们的眼界，帮助我们的心灵更加充实和柔韧。对于读书，曾经有位名人说，当你打开一本好书，就像是推开了一扇通往世界的窗户。的确如此，读书能够让我们虽然足不出户，但是却领略世界上截然不同的风景，也知道更多人世间的悲欢离合。

书籍，是人类精神文明的载体，是人类有史以来所有文明的传承。

人类最宝贵的精神财富，正是因为有了书籍的存在，才得以千古流传。如果你想洞悉历史，如果你想丰富心灵，你就应该努力地阅读，养成热爱读书的好习惯。现代社会，人们越来越意识到读书的重要性。中国很多的城市，都推行全民阅读。在1995年，联合国教科文组织，还把每年的4月23日定为“世界读书日”。人生要想丰富多彩，除了需要有充裕的物质支撑之外，更需要富足的精神。

在网络上，有一个励志哥，他的名字叫甘相伟。原本，他只是一个普通的农家孩子，为了寻找生活的出路，来到北京大学当保安。不过，他有一个非常好的习惯，那就是勤于思考，热爱读书。尽管从小就失去父亲，家里非常贫穷，当保安的收入也很微薄，但是这一切都没有改变他热爱读书、热爱学习的心。他对于书籍中丰富的精神世界，充满无限的憧憬。在北大当保安期间，甘相伟利用闲暇时间读了好几百本书，还写出了十几万的文字，集合成文集《站着读北大》。当时，北大校长得知他的好学精神后，深受感动，亲自为他的文集作序。可以说，从此之后，他开始了自己崭新的人生。

这就是读书的魅力。即使身为保安，甘相伟也因为热爱读书，勤学好问，得到了北大校长的赏识，还得到了别人千金难求的序。这就是吸引力的强大作用，甘相伟的吸引力来源于他的热爱读书，来自于他顽强不屈的心灵。

很多人都觉得自己平庸，既没有钱行万里路开拓眼界，也没有良好的学习氛围变得学识渊博。其实，读书是每一个人生阶段都可以做的事情，也是在任何人生状态下都可以实现的事情。现代社会如此发达，即使是几个月的小婴儿，也有了婴儿布书；即使眼睛失明的人，也可以借助于电子产品阅读。所以说，只要你的内心勤学奋进，只要你想通过读书改变命运，你就可以读书。早在汉代，著名学者刘向就曾经说过，“书犹药也，善读书可以医愚”。这句话的意思是，好的书就像是良药，能够治好人们的愚钝，使人变得开明。即使一个人从未上过学，只要他能够识字读书，也会拥有开阔的心胸和丰富的内心世界，如果再加以丰富的生活经验，他必然非常幽默风趣。

不可否认，每个人的人生经历都是有限的。当我们不能亲身去体验很多人生的情境时，不妨借助于文字为自己搭建起思维世界，我们可以在这个世界里跟随书中的主人公哭哭笑笑，也可以跟随他们一起成长、成熟。读书的好处一言难尽，只有亲自认真读书的人，才能发现其中的奥妙。为了丰富自己的心灵，让自己拥有更加丰盈的人生，我们应该从现在开始，挤出时间，用心读书。

心理课堂

古人云，百行德为首。读书恰恰可以立德，让人通晓事理，更好地为人处世。法国著名作家雨果曾说：“书籍既能够锻造灵魂，也能够滋养光明。”在发起全民读书运动后，国人的阅读水平越来越高。我们伟大的领袖习近平主席也曾说：“把读书学习当成一种生活态度，不仅是一种生活情趣，还反映了一个人对真理的不断追求。”古人说“书中自有黄金屋，书中自有颜如玉”，虽然现代社会不求黄金屋和颜如玉，但是我们却能从书中找到人生的道路，体察生活的真相，揭晓生活的真谛。从现在开始，读书吧！

第11章

提升吸引力的良好心态：培养成熟的心智，直面内心的渴望

在内心深处，每个人都有对生活的渴望。这些渴望的表现形式，在每个人身上都有不同的体现，诸如有些人在渴望的驱使下非常上进，有的人在渴望的胁迫下向欲望低头就范，有些人则能够正确对待渴望，理智克制和放纵自我。要想让内心的渴望起到正向积极的作用，我们就应该提升自身的吸引力，始终保持良好的心态。生活不会总是一帆风顺，只有以成熟的心态面对，我们才能更加从容。

努力成为欲望的主人，才能掌握人生

每个人都有欲望，尤其是在现代社会，外界的诱惑力如此之大，让人不得不努力控制自己的欲望，才能主宰自己的命运。现实生活中，有太多人因为被欲望驱使，导致在欲望之海中沉浮漂泊。常言道，人有七情六欲，这句话精准地揭露了人的本性。的确，谁能没有欲望呢。即使是与尘世几乎脱离关系的出家人，也难免时常与世俗之人打交道，也难免会受到世俗的纷扰。欲望分为很多种，在理智的人身上，欲望也能体现出一种理性。当然，最基础的欲望是出于本能的。相比之下，理智的欲望更加可控，本能的欲望则难以战胜。自古以来，有很多先哲都奉劝人们要控制欲望，然而，欲望并非是绝对的负面作用。假如把欲望化作动力，欲望就能成为你奋斗源源不断的源泉。由此可见，欲望可以成为驱动力，让人们在生活中永不放弃，勇往直前。这就像是人们在海洋之中，极有可能被海水淹没，也有可能借助于海水的浮力，浮起来，游到彼岸。如此说来，欲望实在是一把不折不扣的“双刃剑”，既对人有利，也对人有害。

从这个角度来说，让我们面对自己的欲望，完全没有必要一味地否定。要知道，人的欲望是一种完全符合需要的本能，就像太阳东升西落，一年之中四季轮换一样，是完全符合自然界规律的。自古以来，先哲们就对欲望给予了极大的关注。例如，唐代有一位著名的文学家曾经写作了一篇寓言。在这则寓言故事中，一种很喜欢负重而行的小虫跃然纸上。这种小虫特别喜欢背负东西前行，不管看到什么东西，也无论自己背上已经背了多少东西，它都会毫不犹豫地给自己加负。最终，它精疲力尽，在往高处爬的过程中掉落摔死。从欲望的角度来看，这种小虫显然是悲剧的，是贪婪让它们最终失去性命。现代社会中，何尝没有这样的人呢？看看那些因为贪污而锒铛入狱的官员们吧。原本，他们已经功成名就，拥有至高的地位，生活非常富足，然而，他们却不能控制自己的欲望，依然贪得无厌地掠夺金钱和财富，最终导致失去所有和自由。这样的结局，当他们后悔时，已然无法扭转。这真的应了一句话，金钱，生不带来，死不带去。但是，金钱却能把人带进愤怒。这一切，都是贪婪惹的祸。古人云：良田万顷，日食三餐；大厦千间，夜眠八尺。这句话的意思是说，即使你有广阔无比的土地，也只需要一天吃三顿饭而已；即使你拥有无数的豪宅，晚上也只能睡在一张床上。由此可见，要想维持生存，人的需要的确非常有限。既然如此，为何还要贪婪成性呢？与其为了掠夺身外之物而锒铛入狱，不如成为对社会有所贡献的人，坦坦荡荡地做人做事。这样，命运才能掌握在你的手中。

很久以前，有个人特别贫穷，与母亲相依为命。然而，他的母亲突然身患重病，奄奄一息。这个人非常孝顺，为了给母亲凑钱治病，他不得不卖掉家里所有稍微值点儿钱的东西，甚至包括那口破锅和破破烂烂的被褥。他浑身上下只穿着裤衩，踩着结了冰的地面去往森林深处，想为母亲寻找到传说中的长生不老之草药。一个偶然下界的神仙，看到他冻得瑟瑟发抖，在知道他的孝心后，不由得感动不已。神仙拿出一颗夜明珠，送给穷人，并且对他说："好好孝顺你的母亲吧，只要对着这颗夜明珠说出你的愿望，它就会实现的。"穷人兴高采烈地拿着夜明珠奔跑回家，对躺在床上气若游丝的母亲讲述了事情的来龙去脉。母亲将信将疑，然而，在穷人对着夜明珠大声说："让我的母亲身体健康"之后，母亲居然真的马上痊愈了。穷人欣喜若狂，又对着夜明珠说："我们要美味的食物。"转眼之间，他就闻到了烧鸡的香味，出去一看不禁惊呆了：破旧的餐桌上摆满了美味的食物。穷人抱着母亲又蹦又跳，对夜明珠说：“我要高大宽敞的房屋，要美丽的老婆！”突然之间，他就和母亲置身于豪华的房子里，还有一个美丽的女子热情地招呼他和母亲吃饭。穷人的欲望不可遏制，他居然对着夜明珠喊道：“我要一座金山！”他话音刚落，就发现自己依然站在母亲面前，而母亲依然气若游丝地躺在破旧的木板床上。就这样，他失去了一切，回到了最穷苦的时候。

当我们嘲笑穷人的贪婪时，不如想想自己，是否也曾经渴望拥有这样一颗夜明珠。的确，现代社会生存压力越来越大，很多人都有无法立足的感觉，也更加深刻地感受到生存之不易。那么，当我们有了契机改变命运，为何不能控制欲望，避免重蹈寓言中穷人的覆辙呢？！每个人都应该成为欲望的主人，而不应该像奴隶一样任由欲望摆布。只有成为欲望和命运的主宰，我们才能扬长避短，趋利避害，最终合理地实现欲望，让人生更加充实、精彩！

心理课堂

如何对待欲望？是任由它摆布，还是裹足不前？当然要大胆追求，尽情享受，不过这么做的前提是你要主宰欲望，掌控欲望。任何事情，都应该有收有放。欲望，也不例外。一旦欲望泛滥，它就不再能成为激励我们奋斗的动力，而只会让我们坠入深渊。现代社会，之所以乱象丛生，就是因为大多数人在欲望面前缴械投降，成为欲望的奴隶。要想更加体面和从容地生存，我们就必须反败为胜，扭转欲望堕落的趋势，使其成为我们最坚强的利器。

培养忍耐力，是你掌控自己的第一步

现代社会，很多人都缺乏忍耐力，因此各种各样的突发事件层出不穷，例如邻居之间因为口角之争，最终闹出了人命案。走在路上遇到的人，因为一两句话不合，就大打出手，轻则动拳头，重则动刀子。这样的社会，让我们走在街道上时，极度缺乏安全感。也许有人会说，这些人都素质太差。那么大学校园里呢，同学之间争吵的事情时有发生，甚至一个宿舍的同学还发生了自相残杀的恶性事件。原本作为象牙塔的大学校园，如今也沾染了血腥气。这样，就不能说是素质的高低导致这些事件的发生了。最重要的是，不管素质高低，这些人都缺乏基本的忍耐力，也导致他们根本毫无自控力。

每个人都想掌控自己，让自己变得和电视剧里的精英们一样从容不迫，格调高雅。然而，如果没有基本的忍耐力，做不到遇事冷静淡定，这些都是无法实现的。要想培养忍耐力，首先，我们应该提高自己的思想境界。就像是一粒沙子，把它放在一碗饭里，一定是让人牙碜的，根本无法忽略它。如果把它放在床上，也许粗心的人根本意识不到它的存在。进而，如果把它放到一片广博的土地上，它马上就会消失在背景中，再也不会为任何人带来困扰。这就是背景的魔力。当你不断提升自己的思想境界，心怀天下，别说一粒沙子，即使是一颗石子，也不能使你感到困扰。由此可见，开阔心灵是培养忍耐力的第一步。其次，还应该提升自己的学识。每个人对于生活都有自己不同的追求。就像是古代流传至今的六尺巷故事，高官的家人之所以因为邻居侵占一砖之地而与之产生争执，就是因为他们学识浅薄。高官则不同，他心怀天下，也深谙谦让之道，因此根本不屑于为了一砖之地与邻居不和。因此，他潇洒地提笔写下“让他三尺又何妨”的话。再次，要想拥有超强的忍耐力，我们应该学会管理和疏导情绪。很多时候，人们之所以在冲动之下做出让给自己后悔的事情，就是因为不能及时管理情绪，更无法合理宣泄情绪。其实，当我们特别气愤的时候，不应该做出什么决定。要知道，这个时候的决定往往使人后悔。聪明人会转移自己的注意力，找到合理的方法宣泄自己的情绪，从而避免被魔鬼般的冲动毁了自己。最后，还要拥有自我意识。很多人一旦激动，就会马上失去理智，一切都遵循着情绪的恶魔引导，或者慌不择言地说些害人害己的话。殊不知，任何时候，你都应该保持清醒的头脑，不要盲目地求助于他人。毕竟，每件事情只有当事人自己最清楚，我们应该相信自己的判断，这样才能排除外界干扰，努力成就自己。

人生路上，有很多事情都是非常艰难的。我们必须努力战胜自己，坚韧不拔，才能最终有所成就，成为理想中的自己。众所周知，珠穆朗玛峰是世界最高峰。无数登山运动员，梦寐以求的就是登上珠穆朗玛峰的巅峰，看遍世界。然而，很多人都死在了半山腰上，因为珠穆朗玛峰不但高，而且非常险恶，自然条件恶劣。新西兰人埃德蒙·希拉里是全世界第一个登上珠穆朗玛峰的人。当他成功登顶的消息传出来后，诸多记者奋勇而至，想要采访他在登山过程中的感受和体验。对此，希拉里一律回答："我真正征服的是自己，而不是一座山峰。"乍听之下，记者们以为他在故弄玄虚，然后仔细想想，他说的话非常有道理。毋庸置疑，无数人以生命的代价证实，珠穆朗玛峰是世界上最高也是最艰险的山峰，如果仅仅凭借登山的热情，希拉里根本无法登顶。毫无疑问，他在登山过程中一定遇到了无数的艰难险阻，然而，这一切都被他超强的自控力战胜了。他忍受着寒冷，忍受着积雪和狂风，也忍受着身体的各种不适，最终才能完成整件事情。

生活也不例外。和攀登珠穆朗玛峰一样，如果你在生活中也有很多希望完成的梦想或者是渴望实现的理想，你就会知道生活从来都不是一帆风顺的。不管做什么事情，我们总会遇到这样或者那样的困难，还会时不时遇到突发情况。只有超强的忍耐力，才能帮助我们一往无前地走下去，不忘初心。

心理课堂

当你能够掌控自己的情绪，你也就成为了心情的主人。每天，我们看着这个熙熙攘攘的世界，尽管灯红酒绿、纸醉金迷常常让我们眼花缭乱，然而只要你的心不乱，你就一定能够始终把理想和目标作为遥远的灯塔，在茫茫的大海上向着它不断前行。尤其是现代社会，人际关系也上升到前所未有的高度，如果你想与身边的人搞好关系，更应该具备超强的忍耐力。要知道，不管你在哪个单位工作，不可能所有的同事都符合你的心意。既然如此，何不改变眼光，学着去欣赏他们呢？！忍耐力，助你成就人生！

等待，让你更有吸引力

提起等待，我们就想起了《等待戈多》。这部作品是爱尔兰现代主义剧作家塞缪尔·贝克特的代表作之一，于1953年首次演出之后，几十年间，始终是话剧舞台上的经典。《等待戈多》中，任何事情都没有发生，虽然等待一直在继续，但是并没有人来去，只有等待。这是一个悲剧，表现的主旨是等待需要漫长的时间。这也揭示了生活的本质，在等待他人和被等待中，我们走过自己的一生。看看自然界吧，很多事情都需要等待。春耕秋收，需要等待；化蝶需要等待；寻找工作需要等待；怀孕生子更是漫长的等待。如果人们经不起等待，生命就会变得无比仓促。当你提前让蝴蝶从蛹里出来，你只会看到一个丑陋的软体动物，根本没有翩翩起舞的蝴蝶；如果孩子不能经过十月怀胎之后再出生，那么他的生命就会受到威胁，也无法做到真正的瓜熟蒂落……每一份等待，都有着美丽的结束，也是华丽的起点。这就是等待的魔力。从这种意义上来说，等待是成熟和美丽的化身。如果你能够坦然等待，你的人生也便会从容平和。

等待，是我们通往成功的必经之路。这个世界上，没有一蹴而就的成功。任何人的成功，都必须建立在等待的基础上。从婴儿呱呱坠地开始，要想学会走路，必须等待骨骼慢慢成长、成熟；在孩子学习知识的阶段，必须经历更加漫长的等待，才能最终在老师的点拨下，掌握知识，形成自己的思路和逻辑。有人会说，铁树开花，千年等一回。我们要说，人生是更漫长的等待。只有经得起等待，你才会变得更加成熟睿智，拥有超凡的魅力和吸引力。

莉莉是一名小学老师。大学毕业后，她回到家乡的小县城，成了一名不折不扣的孩子王。当看到班级里坐着的黑压压一片的60多名学生时，莉莉简直有些晕头转向。原来，早在读师范期间听到的小学一个班级至少60多个人的传闻，竟然是真的。莉莉只好硬着头皮，声嘶力竭地开始讲课——如果声音太小，后排的同学根本听不到老师在讲什么。然而，接下来的问题更加严重。刚刚工作两个多月，莉莉迎来了职业生涯中的第一次排名。在期中考试中，莉莉所在的班级在县城同年级中居然是倒数的。这可怎么办呢？莉莉马上顶住各方面压力，开始带领孩子们向期末考试冲刺。果然，那些优秀的学生都一鼓作气，恨不得马上就给老师考个一百分回来。然而，落后生楠楠，总是拖后腿。虽然在莉莉接连给他开小灶的情况下，他已经有了很大的进步。然而，他依然是最慢的那一个。有一次，莉莉对班级里进行了一次测试。等到全班同学都做完了，楠楠依然还有差不多三分之一的习题没有完成。以往，莉莉会让他课后到办公室补，这次，莉莉改变了策略。她用坚定的眼神看着楠楠，说："加油，老师相信你很快就会写完的。"说完，莉莉让做完的同学先看看课外书，然后一直安静地等待楠楠。果然，楠楠不再东张西望，而是伏案疾书，努力地想要完成试题。

直到十五分钟以后楠楠完成试卷，莉莉才宣布下课。楠楠呢，激动地对莉莉说："老师，我觉得我的速度还能更快一点！"莉莉摸摸他的脑袋，笑着说："那下次测验，你继续加油，好不好？"楠楠狠狠地点点头。经过一段时间之后，楠楠基本能够做到在规定时间内完成试卷，这让全班同学都很高兴。从此之后，楠楠还特别喜欢莉莉，只要是莉莉的课，他都瞪大眼睛，目不转睛地听着，成绩居然有了很大的进步。

莉莉之所以能够得到楠楠的认可和喜爱，就是因为莉莉的等待。等待，让莉莉对楠楠产生了莫大的吸引力，甚至开始爱上莉莉的课，从而也提高了学习成绩。可以说，让楠楠改变的，就是莉莉的耐心和等待。如果你也想要改变一个人，那么不如等等他，也许他反而会加快速度，迎头赶上呢！相反，如果莉莉作为老师，总是在楠楠没有完成的情况下就宣布下课，那么日久天长，楠楠一定会产生自暴自弃的心理，也不会主动加快速度，减少莉莉和其他同学们等待的时间。这样的结果，哪个更好显而易见。

心理课堂

曾经，荆轲临危受命，去刺杀秦王。然而，他一时心急，没有等待同伴，而是与君王给他找的同伴一起，实行刺杀秦王的任务。正是这百密一疏，让荆轲经过精心策划的刺杀秦王的计划前功尽弃，荆轲也丢掉性命。这样一来，君王不但失去了忠心耿耿的荆轲，也失去了国家唯一反败为胜的机会。如果君王能够更加耐心一些，等待荆轲的同伴归来，那么历史也许就会被改写。生活中，这样的事例并不少见。只有等待，才能让我们更加无限接近于成功。

很多人都希望自己拥有超强的吸引力，包括老师对学生，夫妻之间，亲人朋友之间等等，唯有吸引力，能使我们彼此之间的关系更加亲密无间。既然如此，不妨学会等待。当你让等待变成美丽的回忆，你也就拥有了更亲密的爱人、朋友，也就有了更加对你言听计从的学生。等待，在人际关系之中，起到了至关重要的作用。在职场上，尤其是谈判场合，人们也用等待与否或者等待时间的长短，来表明自己的态度和立场，真正做到此时无声胜有声啊！

与众不同的眼光，让你拥有不俗人生

何谓眼光？所谓眼光，就是你看待事物的角度和立场，以及你对此形成的独具一格的观点和见解。唯有眼光独特，你才能让自己的人生不同流俗，也才能让自己更加充实丰盈。举个最简单的例子，很多暴发户，虽然有钱，但是即使穿着贵气的衣服，也让人觉得畏畏缩缩，没有气质。相反，如果你是一名学识渊博的学者，即使清贫，只能穿着布衣，也会表现出与众不同的气质。这就是眼光决定的。很多时候，一个人的品位高低并不体现在金钱的多少上，也与金钱并不呈现正比例的关系。眼光，是很难模仿的，就像是每个人独特的气质一样，带有自身精神世界深刻的烙印。

与众不同的眼光，不但让你的穿着打扮不同流俗，站在人群中犹如鹤立鸡群，也让你在对很多事情的看法上，有着自己犀利的见解和观点。当你拥有独到的眼光，你自然不会再盲目从众，人云亦云。你一定会观察细致深刻，甚至一针见血地参透事物的本质。你还能看透人心，做到众人皆醉我独醒。尤其是在信息大爆炸的现代社会，你还能够拥有创新精神，以发展为原则对待生活和事业。总而言之，当你的眼光非常独到，那么你一定也会变得与众不同。

在美国，有一位男士继承了一块土地。这位男士是一所大学的校长，但是他并不知道如何打理土地。他曾经进行咨询，但是这块土地实在是没有太大的价值，既没有矿藏，也没有木材，因此，他除了每年为这块土地支付土地税之外，简直想不出它还有什么用途。后来，这块土地通了公路。一天，亨利开车经过这里，发现这块位于山顶的土地视野非常好，能够欣赏到附近大片的景色。与此同时，他还发现这片土地上有一些幼小的树苗。因为主人意识不到这块土地的价值，还因为每年为它上缴的土地税而烦恼，所以当亨利提出以每亩十美元的价格购买五十亩地时，主人几乎不假思索地同意了。

亨利买下土地后，马上开始动工，在靠近公路的地块建造了一栋造型别致、让人过目难忘的木质别墅。这间大大的别墅非常漂亮，还有一间超级大的餐厅。当然，在离房子不远的地方，他又投资建了一所加油站。结果，在对外营业之后，亨利发现生意超乎意料地好。后来，他当机立断，又马上在这栋大别墅旁边，建造了二十多间木质小屋，每间小屋都配有卫生间。如此一来，这些小木屋几乎每天都爆满，因为亨利一点儿都不贪心，在小木屋里过夜的价格仅仅是五美元。就这样，亨利仅仅第一年，就赚了二十多万美元。第二年，他的利润更是成倍增长，一则他的小木屋名气越来越大，二则第二年只有维护成本，并没有建造成本。就这样，亨利凭借着这五十亩荒地，把事业做得风生水起。眼看着游客越来越多，他在第三年间又建造了一百多间小木屋，还建造了十几栋精致的小别墅。现在，越来越多的城市游客来他这里避暑，经常租用他的小木屋几个月呢，还必须提前预定。当然，亨利还有其他的收入，因为那些曾经的小树苗，现在已经长成材了，不少木材商都来和他谈生意呢！

就这样，亨利把在大学校长心里毫无价值的这片荒地，变成了能够不断创造财富的宝地。不得不提的是，亨利仅仅是一名只读过小学的农民，和那位大学校长相比，简直就是文盲。然而，他独特的眼光使他不停地发现商机，并且因此而创造了巨大的财富。这就是眼光的魔力！

其实，很多人都有这样独到的眼光。在日常生活中，很多人把他们称之为有独特能力，或者专精一门。实际上，他们只是眼光独到，能够看到普通人所看不到的而已。那么，你想要拥有这样的能力吗？要知道，这种能力可不是天生的，而是和人的经历、经验等息息相关的。如果你也想要眼光独到，不如从现在开始就努力丰富和充实自己吧！

心理课堂

现代社会，工作机会遍地都是，人才也遍地都是。很多用人单位之所以不欢迎应届毕业生，恰恰是因为他们缺乏经验和阅历。作为大学校长，对于商业价值的发现却远远不如农夫亨利，不得不说这

心理课堂

个大学校长缺乏商业头脑。当然，这也许与他从未经商密切相关。如果我们想让自己拥有某个方面的特殊能力，不妨就从现在开始，多想多做多练，相信终有一天，会有与众不同的表现。

迎难而上，逆境更能彰显实力

生活中，我们常常在各种各样的情况下祝福他人一帆风顺，殊不知，生活不可能永远都是顺水而下，更多的时候，是逆水行舟。倘若没有足够的勇气和毅力，当逆水而上，尤其是当遭遇风霜雨雪等恶劣天气时，你很有可能就会知难而退，放弃自己的选择。这样做的结果是什么呢？也许有人会安慰自己留得青山在，不怕没柴烧。但是，现实情况是，在你放弃一次之后，也许就会接连放弃。因为没有人能够保证你接下来遇到的是顺境，更有可能是比现在更加艰难的挑战。你是继续放弃，还是鼓起勇气前行？有了前一次丢盔弃甲的放弃，你还能战胜困难吗？由此不难认清一个道理，既然未来是未知的，何不把握现在的每一次机会奋力一搏，不给自己留下遗憾和懊恼呢？

真正的聪明人，虽然会审时度势，却从不会轻易放弃。越是艰难的处境，越能彰显出一个人的决断力和魄力。尤其是在逆境之中，一个人会实力尽显，这是比任何口头上的话都更具有说服力的。很多驴友都曾有过攀爬野山的经历，他们时常会看到山路弯曲，山势陡峭，然而总会有溪流蜿蜒曲折，溪水潺潺。如果你曾经在辽阔的草原生活过，你就会知道雄鹰最喜欢在高远的天空翱翔，即使顶风冒雨，也不会因此而收起翅膀，躲在安乐窝中。还有很多小鱼儿，虽然它们很弱小，但是却选择逆流而上，寻找最合适的地点繁衍后代、觅食。这一切，都是大自然给予我们的深刻启示，必须用心体察，才能从中领悟到生命的真谛。

作为著名的篮球运动员，姚明不仅在中国久负盛名，在国际上也声名远扬。在刚刚进入NBA时，他作为中国的篮球代表，承受了巨大的压力。当时，他的球技还没有那么精湛，过高的身材也使得他缺乏灵活性。然而，这一切困难都不曾使他退缩，他反而勇敢地向着困境进发，努力克服自身的局限，最终突破自我，获得成功。他的成功，不仅为他个人争取了荣誉，也为祖国添光增彩。可以说，姚明的成功，就是因为他迎难而上，从不放弃。也正是在逆境之中，他才展示了自身超强的实力和坚不可摧的精神世界。

很多人都知道，阳光总在风雨后。然而，真正遇到困境时，又有多少人能以这句话鼓励自己，坚持不懈地走过困境呢？！由此可见，说到很容易，做到却很难。正因为如此，每一个渴望成功、追求成功的人，都应该战胜自己的畏难情绪，越挫越勇，直至真正获得成功。一个电视剧女主角的妈妈曾说，只要活着，一切都能熬过去。这句话虽然简单朴实，但却揭示了深刻的道理。人，总归是有弱点的。当你在逆境中想要放弃时，不如想象这句话，给自己鼓气。的确，任何困难都只是暂时的，只要你坚持不懈，竭尽全力。很多时候，我们觉得梦想遥远，那只是缺少勇气。当勇气可嘉，当毅力可赞，你距离成功之间，就只有一步之遥。

作为中国乒乓球坛的大姐大，邓亚萍付出了常人难以想象的艰辛。由于受到父亲的影响，邓亚萍很小的时候就梦想成为运动员。然而，她的身体条件并不好，身材矮小，缺乏灵活性。尽管被体校拒之门外，但是小小年纪的邓亚萍并没有放弃梦想。她在体育教练——父亲的指导下，开始练习乒乓球。当时，父亲对她的要求非常严苛，除了要完成基本的体能训练外，每天还要额外做100次接球和发球的练习。那个时候，只有七岁的邓亚萍，主动提出在小腿上绑沙袋，以增强训练的难度。在其他孩子正在无忧无虑玩耍的年纪，她把自己所有的快乐都挥洒在训练场上。虽然身体在训练之初疲劳不堪，但是她从不抱怨，总是默默承受。看到女儿乖巧坚强的模样，父亲甚至心疼得泪流满面。所谓皇天不负有心人，在10岁那年，邓亚萍就在全国性的比赛上，夺得了双连冠。

就这样，邓亚萍凭借自己的实力进入了国家队。虽然这是一个振奋人心的好消息，但是她从未懈怠。她每天都加大力度训练自己，还比别人花费更多的时间在训练场上。为了训练，她常常错过吃饭时候，就随便泡一碗方便面打发自己的胃。在如此高强度、高力度的训练下，邓亚萍每天接球打球一万多次，这是一个让人难以置信的训练数据。每次训练完成之后，她都浑身汗水，满身伤痛。正是因为这样的坚持，邓亚萍才稳坐大姐大的位置，为中国乒乓球事业的发展做出了巨大的贡献。这就是逆境中可贵的坚持。只有在逆境中证明自己的实力，才是真正成为不折不扣的强者。

现代社会，生存压力越来越大。每个人在追求梦想的过程中，总会遇到各种各样的困难。每当这时，我们首先想到的不应该是退缩，而应该是如何竭尽全力地解决问题。一个人的成长，包括学识、经历、经验等，除了得之于学校，更多的应该得之于社会。从这个角度来说，逆境显然更利于我们的成长和成熟。

作为中国古典文学的精粹，《西游记》千百年来受到无数人的追捧。熟知西游记的人一定知道，唐僧师徒最宝贵的并非是取到的真经，而是在取经过程中同心协力不断解决困难的决心和勇气。经过这次取经，他们师徒全都获得了极大的发展，有了丰富的收获。

心理课堂

没有谁的人生是一帆风顺的，每个人或多或少都会遭遇生活的困境。每当这种情况下，千万不要当缴械投降的逃兵，而应该努力地改变自己的心态，从而把握命运。正如一位名人说的，我们无法改变外界，但是我们可以改变自己。心若改变，一切都随之而变。从现在开始，就让我们勇敢地向逆境宣战吧，因为它是命运赐予我们的神奇礼物，能够帮助我们更好地成就自己！

第12章

心情调整法：积极情绪提升吸引力，情绪是你内心的能量

不管是在生活中，还是在工作中，人们似乎都很容易生气。实际上，有位名人说得好，生气是用别人的错误惩罚自己。尽管这句话有很多人都耳熟能详，但是真正能够明白其中道理且不以他人错误惩罚自己的人，实在是少之又少。从现在开始，就让我们修炼心平气和的能力，让自己充满正能量吧！

远离坏脾气，拥有好心情

生活中，有些人总是高高兴兴的，有些人则总是愁眉苦脸的。难道生活给予高兴的人总是阳光和春风，给予愁眉苦脸的人总是苦难和挫折吗？其实不然。很多时候，细心的人会发现，那些高高兴兴的人，也许刚刚经受过一场很大的打击或者灾难，然而他们依然乐观积极地面对生活。相反，那些愁眉苦脸的人，也许得到了生活的优待，例如有称心如意的工作，有可爱的孩子和体贴的丈夫，也有健康的父母。然而，他们却不停地抱怨生活没有满足他们的诸多愿望，例如他们还想要高官厚禄，还想要孩子更加优秀。从这一点不难看出，人是否幸福，并非取决于外在的条件，而是取决于每个人的内心。懂得满足的人，即使身处坎坷的境遇，也依然能够很好地面对生活；不知感恩、欲望很多的人，即便得到了想要的一切，也依然觉得不满足。

还有些人不快乐，是因为脾气不好。坏脾气显然是好心情的绝对克星，很多人得到了生活馈赠的一切，却依然不快乐，就是因为他们总是无法控制自己的坏脾气，总是被坏脾气左右，导致情绪波动，无法享受平和愉悦的心境。由此可见，要想拥有好心情，就必须远离坏脾气。要知道，坏脾气不但会影响我们自己的心情，也会给身边的人带来很深的伤害，甚至导致难以抚平的创伤。既然如此，为何不控制自己的脾气，帮助自己拥有好心情，也给他人带来愉快的体验呢？！

很久以前，有个男孩的脾气特别暴躁。他总是发脾气，而且无法改变自己。直到有一天，他的爸爸拿来一袋钉子给他，并且让他每次发脾气时，就往墙上的一块木板上钉一个钉子。第一天，这个男孩往木板上钉了十几个钉子。后来，他觉得木板上钉了钉子实在很难看，就慢慢地控制自己的脾气，之后的每天，他发脾气的次数都在不断减少。最终，他终于能够控制自己，不会再随心所欲地发脾气了。这时，爸爸告诉他："每当你因为自控少发一次脾气时，你就把木板上的钉子拔下来一个。"渐渐地，男孩把木板上的钉子都拔了下来。然而，他很郁闷的是，虽然拔掉了钉子，但是木板上却留下了千疮百孔。爸爸语重心长地对他说："亲爱的孩子，你看看，你每发一次脾气，都会在别人的心上钉一颗钉子。虽然你后来改变了坏脾气，但是因为你乱发脾气给他人带来的伤害，却留下了难以抚平的创伤。不管你如何补救，这些创伤都这样触目惊心地存在着。"听了爸爸的话，男孩若有所思。他对爸爸说："爸爸，我不会再乱发脾气了。"

在人与人相处的过程中，人们难免会因为一些事情大发脾气，不但扰乱了自己的心绪，也让身边的人失去了好心情。这么做的结果是，我们越来越少地感受到幸福，反而被烦恼和郁闷纠缠，很难体验到幸福。如果你想拥有快乐，如果你不想往他人的心上钉钉子，就从此刻开始，更加努力地控制自己的坏脾气吧。一旦你尝试着战胜自己的坏脾气，你就会发现你的情绪越来越平和，你的自控能力越来越强，你离幸福快乐也就越来越近了。

心理课堂

有多少人被坏脾气纠缠，导致无法自拔？有多少人因为坏脾气失去朋友，变得越来越孤独？要想得到快乐，要想拥有平和的心境，要想拥有更多的朋友，从现在开始，就让我们远离坏脾气吧！

人们常说，困难像弹簧，你弱它就强，你强它就弱。坏脾气也是如此，它并非如我们所想象的那样顽固，实际上，它也很脆弱。只要你很好地控制自己，就能够战胜坏脾气，一次两次三次……直至最后彻底战胜坏脾气。

气愤是把双刃剑，更深地伤了自己

很久以前，有只脾气暴躁的乌龟住在一汪浅浅的池塘里。有两只大雁常常来到池塘边休息、喝水，日久天长，它们和乌龟越来越熟悉，最终成了好朋友。有一年天下大旱，池塘在烈日曝晒下渐渐干涸，池塘底下的淤泥都裂开了口子。无奈之下，乌龟只好搬家。这时，大雁说：“乌龟，我们正准备飞去四季温暖如春的南方，要不你也和我们同行吧。”乌龟很高兴，它也想去南方生活，但是它不会飞呀！看到乌龟发愁的样子，好心的大雁说：“这样吧，我们俩一起带你飞到南方。”说完，大雁飞来飞去，费尽周折才找到一根粗细适宜的木棍。两只大雁分别咬着木棍的两头，然后让乌龟用嘴巴咬着木棍的中间。大雁知道乌龟是个火爆脾气，因此在起飞之前再三叮嘱乌龟：“不管发生什么情况，你都千万不要张嘴啊，不然就会掉到地上摔死的。”乌龟连连点头。刚刚飞出去没多远，一个孩子无意间看到大雁带着乌龟在搬家，觉得特别有趣，因此喊小朋友们一起看，他说：“小伙伴们，快来啊，你看看，这只乌龟居然飞到天上去了！”乌龟原本很得意，因为它也到了高空中。然而，在听到孩子们的嘲笑后，它一时脑门发热，完全忘记自己是在天空中，张开嘴正准备反驳，突然之间就从天上掉了下来，摔得粉身碎骨。

尽管这只是一个寓言故事，但是却告诉我们一个深刻的道理：气愤是把双刃剑，在伤害他人之前，先伤害了我们自己。故事中的乌龟，因为一时气愤，忘记自己身处高空，结果掉下来摔得粉身碎骨。曾经有科学家经过研究证实，人们在愤怒的情况下，身体会分泌出一种有毒的物质，因此，历史上不乏有人被气死的事例。此外，即便愤怒时身体分泌的毒素不会把我们毒死，我们也会因为怒气，而使智商降低，甚至做出让自己追悔莫及的蠢事。这样一来，事情往往无法挽救和弥补。

尽管人类是万物的灵长，不管是智商还是情商，都比乌龟高出若干倍。然而，人类却常常也会犯乌龟这样的错误，因为一时气愤反而害了自己。从现在开始，我们应该努力调整自己的情绪，修炼自己的气度，这样才不会轻易生气。当然，在这个世界上，我们很难找到一个从来不生气的人。因为情绪一旦积累到一定程度，是否生气就并非是我们所能决定的。我们能做的就是，尽量控制自己的情绪，不要因为一些鸡毛蒜皮的小事，就大动干戈。要知道，愤怒非但于事无补，反而会伤及身体，甚至还会让我们失去理智。很多时候，我们过了事情发生的时间点，再回头去看，就会发现我们原本为之气愤的事情，根本没有我们当时所想的那么重要，完全是无足轻重的小事。如果我们能够像等红灯一样，不管遇到什么事情，都让自己等三分钟再去进行反应，那么也许就会大大降低气愤的等级。还有些人一旦遇到让自己激动的事情，就会选择放空，等到一个小时甚至是一个夜晚之后的第二天，再来处理之前的事，就不会那么情绪激动了。大多数时候，我们之所以气愤，就是因为思维受到局限，进入了死胡同。如果能够换一种思路考虑问题，找其他办法解决问题，那么一切都会随着情绪的舒缓迎刃而解。

心理课堂

与其说我们用气愤来惩罚他人，不如说我们首先用气愤来惩罚自己。很多时候，事情一旦发生，就再无回到原点的可能。在这种情况下生气，更多的是在和自己较劲，而根本不能让事情逆转，回到原点，你也更没有机会重新做出选择。

生活，就是不断接受改变的过程。这些改变有的是我们主动求变，有的是我们不得不被动接受的。想明白这一点，我们与其和自己较劲，不如随遇而安，尽人力知天命，这样才能更好地面对生活的各种不如意。气愤，对于我们自身而言，就是一种残酷的刑罚，不但会让我们更快地衰老，也会损害我们的身体健康。尤其是对于经常陷入愤怒情绪中的人来说，他们还会因为情绪激动，导致自己做出丧失理智的事情，得不偿失。从现在开始，就让我们远离气愤吧，这是对自己最好的爱。

凡事有利也有弊，综合分析怒气消

从辩证唯物主义的角度来看，凡事既有利也有弊，这个道理很多人都知道，然而却无法将其真正运用到生活中去。在平日里，每当遇到不开心或者不如意的事情，我们还是会情不自禁地紧皱眉头，恨不得让时光倒转，自己也好重新做出选择。然而，这个世界上卖什么的都有，唯独没有卖后悔药的。不管事情是否如意，它都必须是现在的样子。要想改变，只能重新做出努力，而不能再次选择和应对。这让无数人苦恼，他们不停地问自己：为什么会这样？我为什么没有在事情发生之前就做出预判，从而正确应对？为什么事情会变成今天的样子，这样糟糕，有没有可能重新来过？诸如此类的问题，除了给我们徒增烦恼之外，对我们再无益处，还会使我们陷入思维的僵局，很难跳脱出来。实际上，早在古代，先哲就曾指出，福兮祸所依，祸兮福所至。这句话的意思是说，福气和灾祸是相互依存的，不会单独出现，也就是我们如今所说的凡事有利也有弊。

真正理解了凡事有利也有弊的意思，我们才能更好地端正思想，不至于为了已经成为事实的现状，陷入无尽的苦恼之中。尤其是遇到不开心的事情，或者当遇到灾祸时，摆正思想，就不会一味地抱怨，或者哭泣，而会努力地站起来，迎难而上，战胜困难。试想，如果你不小心丢了自行车，你再抱怨自己没有锁好自行车或者不该骑着自行车出门，都丝毫没有用处。积极的态度是，丢了自行车，也许能够破财消灾，或者偷自行车的人真的是被逼急了，那么你丢失的自行车也算救了他人的急。如此想来，你会不会更加平静一些？

有一家玩具商店新购进了一些玩具，款式新颖，都是著名的卡通形象。店主把这些玩具用心地摆放在柜台里，让他万万没想到的是，前来光顾玩具店的孩子们似乎对这些玩具毫不在意，甚至连看都不看一眼，就走到其他玩具的柜台前。店主怎么也想不明白这是为什么，在他认为，孩子们应该很追捧这些玩具才对啊！后来，一个孩子不小心把靠近门口货架上的玩具弄掉了，店主过去蹲下身准备捡玩具，这才惊讶地发现，进门的孩子们根本看不到他精心摆放的新玩具，因为新玩具的高度超过了他们的视线范围。店主马上调整玩具的位置，根据孩子们视线所能及的范围，把新玩具重新摆放。果然，几乎每一个进门的孩子都看到了新玩具，都对新玩具表现出浓厚的兴趣，很快，新玩具就被抢购一空了。

从此之后，每次购进了新玩具，店主都会用心地摆放在孩子一进门就能看到的位置，也因此这家店的生意越来越好。从这件事情不难看出，孩子的视角和成人是完全不同的。当然，这仅仅是从生理角度来看视力所及的范围。如果从心理角度来看呢，每个人所能关注到的事情都是不同的侧面，因为他们的视角不同。这一点毋庸置疑。因此，当我们因为他人不理解我们而感到气愤时，不如想一想每个人看待问题的角度都是不同的。而且，当我们自身因为某些事情不如意而愤愤不平时，也可以换个角度思考问题，从而帮助自己平复心情，积极地想办法解决问题。

这几天，李渡都在北京处理买房的事情。好不容易办完相关事宜，他正准备买票启程回家，却不想突然找不到身份证了。经过仔细回想，他才想起来身份证落在宾馆了。眼看着最后一班车就要开了，李渡只好回到宾馆，选择再逗留一天。他很沮丧，埋怨自己忘记带身份证，不然就可以早一天回家。当晚，李渡的爱人接到负责帮他们卖房的经纪人电话，说另外一套房子第二天就可以过户。当她把消息告诉李渡时，李渡高兴地说："我正因为忘记带身份证郁郁寡欢呢，看来没走成是对的啊，省得我回家之后还得立马再往北京赶。这下好了，两趟并做一趟，省事多了。"当晚，李渡高高兴兴地睡觉，第二天办完事才回家。

很多事情，发生的时候我们会觉得郁闷，因为并不如意，甚至事与愿违。然而，随着事情的发展，也许坏事反而会变成好事，甚至给我们的生活带来便利。从这个角度来看，我们遇到坏事的时候也不应该一蹶不振，遇到好事的时候也不应该得意忘形。只有怀着一颗平常心，我们才能更好地从容应对生活的馈赠和磨炼。

心理课堂

这个世界上没有绝对的好事，也没有绝对的坏事。很多坏事，此刻看是坏事，也许过段时间就会变成好事；对这个人来说是坏事，也许对其他人来说就是好事。反之，好事亦是如此。既然如此，我们还有什么理由，不怀着一颗平常心，更好地对待生活的挫折和磨难。

从吸引力法则的角度来说，只有我们心中充满积极正向的能量，我们才能形成有益的磁场，才能吸引更多正能量，也会使事情朝着我们所期待的方向发展。不管何时，生活都不会一帆风顺。只要换个角度看待世界，你就会发现世界是如此精彩多姿，充满希望。

只要心大了，事就小了

很多时候，我们非常苦恼，似乎生活中遇到的每一件事情都不能使我们如愿。因此，我们整日愁眉苦脸，因为这些或大或小的事情，变得郁郁寡欢。难道这些事情真的这么重要吗？它们或许会暂时对我们的生活造成影响，然而，它们不可能彻底改变我们的命运。归根结底，我们的命运掌握在自己手中，不管遇到什么坎坷挫折都只是过眼云烟。只要我们积极乐观，开朗正向，这些事情终究会过去，成为生活赐予我们的经验和历练。

如何才能不把微不足道的小事情挂在心上呢？很多人都曾有过这样的体验，如果把一个苹果放在盘子里，苹果会显得很大；如果把一个苹果放在一个很大的纸箱里，那么苹果则显得特别小。这是因为盛放苹果的容器不同，参照物也不同了。人心也是如此。我们把一些事情放在心里，如果我们的心很小，那么这些事就显得很严重；如果我们的心很大，像天空一样高远，像大海一样辽阔，那么这些事就会显得很小，根本不值一提。由此可见，要想让我们拥有更加开阔的胸怀，不为小事所烦恼，并且能把大事看小，就一定要让心更大一些。其实，世间事除了生死，都不算是大事。虽然生活不如意十之八九，但是终究会过去，成为历史。只要我们足够坚强，足够坚持，我们肯定能够战胜坎坷的命运，最终成为生活的强者。

战国时期，蔺相如代表赵国拜访秦国，和赵王一起拜见居心叵测的秦王。凭着机智勇敢，蔺相如每次都能战胜高高在上的秦王。为此，赵王很赏识蔺相如，提拔他为上卿。这样一来，蔺相如的地位比战功赫赫的大将军廉颇还要高。

廉颇愤愤不平，逢人就说："这么多年来，我为了赵国的安危不顾生死，击退入侵的外敌，扩大国家的疆土。这个蔺相如，出身卑贱，仅仅凭借一张嘴，居然官位比我还高，这让我怎么能服气呢！我发誓，如果我再见到蔺相如，肯定会当着所有人的面质问他为何官居高位，有何德何能！"廉颇的话传来传去，终于传到了蔺相如的耳朵里。从此，蔺相如总是避免和廉颇见面。有一次，蔺相如乘车外出，远远看到廉颇乘坐马车向他驶来，因此他赶紧命令车夫调转车头，在一条小窄巷里避让廉颇。直到廉颇的马车走远了，蔺相如才让车夫驾车出来，继续往前走。听说这件事之后，蔺相如的门客们纷纷拜见他，说道："我们是因为仰慕您的才华，才来追随你。如今您却胆小怕事，处处躲避廉颇，这让我们觉得很丢人，请允许我们离开吧！"蔺相如诚恳地问他们："你们认为，廉颇和秦王，谁更厉害？"门客们异口同声地说："当然是秦王厉害！"蔺相如说："既然你们知道秦王厉害，也知道我见了秦王都毫不畏惧，怎么还会以为我是害怕廉将军呢？我之所以躲避他，是为了国家的安危。你们想想，秦王之所以不敢对赵国发起攻击，无非就是忌惮我和廉将军。假如我们俩彼此争斗，那么必然削弱赵国的力量，如此一来，秦国必定会对赵国发起进攻。你们想，我怎么可能和廉将军产生冲突，而让秦王得利呢？！”

廉颇知道蔺相如的想法后，非常感动。他也很懊悔，觉得自己不该处处逼迫蔺相如，还四处扬言要羞辱蔺相如。廉颇马上脱掉上衣，背起长满刺的荆条，亲自去给蔺相如道歉。蔺相如宽宏大度，不计前嫌，扶起廉颇。从此之后，他们成了生死之交，一起为保卫赵国尽心竭力。

蔺相如虽然官位比廉颇高，却在受到廉颇侮辱的情况下始终忍辱负重，不和廉颇计较。换作普通人，一定会因此而勃然大怒，甚至与廉颇互相争斗。然而，蔺相如心怀国家的安危，在国家面前，个人恩怨变得不值一提。如此的胸襟和气度，值得我们每一个人学习。

心理课堂

心胸当然不是天生的，而是后天养成的。很多人在生活中总是斤斤计较，为一些鸡毛蒜皮的小事生气，实际上不但伤害自己，也伤害身边的人。要想让事变小，只有把心变大。如果我们的心胸能够容纳天地，那么也就能容纳天地间的一切。那么，如何让我们的心胸变得开阔呢？

1.多多结识心胸开阔的人，这样才有机会向他们学习，从而变得心胸开阔。

2.多多读书，多多看世界，这样才能开阔眼界，把视野变得长远，才不会只盯着眼前的得失。

3.放眼世界，多关心国际形势和国家大事。当你把自己的生活琐事和这些大事相提并论时，一定会觉得汗颜，自然也不会再频繁提起。

4.了解历史，了解伟大人物的生平和事迹，这样才能帮助自己更好地成长。读书，建议多读历史书和传记。读书之时不可有己见，读书后不可失己见，和人聊天也是如此。

与其哭泣，不如乐观地坚强面对

从呱呱坠地的那一刻开始，人就学会了哭泣。也可以说，人生而会哭泣。随着渐渐地适应这个世界，婴儿在降临人世不久就会笑了。他们的眼睛看着空洞的地方，突然就绽放出笑颜，那是人世间最纯粹、最干净的笑。在此之后的岁月里，人们常常哭泣或者欢笑，这代表了生活的颜色，也是生命的标签。为什么有些人整天都笑呵呵的，有些人却总是眼角挂着泪痕呢？显然，生活对于大多数普通人而言，并没有那么多的偏袒，不同的是人的心灵。笑对人生的人并非没有苦恼，而是因为他们选择笑着面对世间的一切。哭着对待生活的人呢？也未必总是不如意，而是因为他们过于悲观绝望。就像《红楼梦》中的林黛玉，虽然寄人篱下，但是也锦衣玉食，却依然每天都哭哭啼啼，悲悲切切，最终连命都丢了。林黛玉就是典型的郁郁寡欢者。花落了，她会联想到自己的身世，悲戚不已。如果是薛宝钗处于林黛玉的位置上，虽然也会因为寄人篱下而自觉低人几分，却绝不会因此而终日哭泣。因此，很多现代的人们都喜欢薛宝钗，而不再欣赏和怜悯林黛玉。

生活总是不如意，如果哭着也是一天，笑着也是一天，那么为什么不笑着度过生命的每一天呢？坚强乐观的人，即使面对无药可治的疾病，也能做到乐观坚强。相反，悲观绝望的人，即使生活并不亏欠他，他也依然整日愁眉苦脸，哭哭啼啼。哭和笑，从广义的角度来说，其实是一种生活态度。不管生活的道理多么艰难曲折，我们都应该始终充满希望，怀着坚定不移的信念，向前，再向前。只要我们尽力而为，即使事情的结果不尽如人意，我们也可以做到无愧于心。

桑兰曾经是中国著名的体操运动员，因为在赛场上突出的表现，被称为“跳马王”。然而，如此年轻美丽、事业正在蓬勃发展的她，职业生涯却因为一次意外戛然而止。当时，桑兰赶赴美国准备参加比赛，在比赛前的一次训练中，发生意外导致高位截瘫。对于一个花季少女而言，这是命运多么残忍的捉弄。她就像是正在飞翔的天使，突然之间失去了翅膀。

桑兰受伤后，虽然社会各界都在积极援助她，她却难以从这致命的打击中站起来。她曾经哭过，也想过结束生命，然而，她最终选择了坚强。当再次出现在公众面前时，清瘦的她依然带着微笑，那是坚强的象征。在美国经过一段时间的治疗后，桑兰回到祖国的怀抱。曾经的“跳马王”，现在最大的愿望就是自理。每天，她都努力地锻炼自己穿衣、洗漱，还依靠自己的力量从床上挪到轮椅上，再从轮椅上挪到床上。为了充实生活，她还开始自学英语。后来，她更是凭着不懈努力考入清华大学附中学习。

现在的桑兰，有着一颗博爱的心。不但很好地安排了自己的生活，而且也抽出时间来关注弱势群体。在桑兰的鼓舞下，很多年轻人都变得积极正向，也像桑兰一样脸上挂着微笑。在2014年春天，身残志坚的桑兰成为一个完整的女人——她生宝宝了。现在的桑兰，俨然是人生赢家，拥有所有女孩梦想的一切。

在最美好的年华，桑兰失去了飞翔的翅膀，在梦想的舞台上重重地坠落。不管是在美国，还是在中国，她的名字都家喻户晓。虽然命运残忍地对待她，她却始终没有放弃奋斗。这就是生命的力量。坚强面对命运捉弄的桑兰，现在已经战胜了命运，走出了属于自己的人生之路。在每个人的生命中，都会遭遇坎坷和挫折，是就此哭泣着倒地不起，还是更加坚强地微笑着面对生活，这是完全取决于我们内心的选择。和桑兰相比，我们至少还有健全的身体，这就是最大的幸福。从现在开始，怀抱希望，对生活微笑吧，相信生活也会以笑脸回报我们！

心理课堂

每个人在一生之中，也许不会成功，但一定尝过失败的滋味。尤其是当生命遭受突如其来的打击时，选择以怎样的态度面对，往往会决定我们的命运。不管面对多么残酷的未来，哭泣都没有任何用处。只有微笑面对，坚强应对，生活才会眷顾我们，给予我们喜出望外的回报。

人生如逆水行舟，不进则退。当遇到坎坷时，如果你只知道哭泣，而不积极地想办法解决问题，你的人生就会倒退。反之，只有坚强乐观的人，积极地寻求解决问题的办法，才能更好地面对未来。

让抱怨走开，快乐才能如约而至

生活中，经常有人会喋喋不休地抱怨，抱怨自己与好运气绝缘，总是受到命运的捉弄，凡事都不能如意。古人曾经说过，人生之不如意十有八九，这就意味着不如意是人生的常态。既然如此，我们还有必要为那些不如意感到烦恼吗？换言之，烦恼并不能使不如意变得如意，只会让你更加窝火。既然如此，不如把烦恼变为微笑，这样也许会有柳暗花明又一村的奇迹。也许有的朋友会问，我也不想抱怨，我也想快乐，但是生活中没什么值得我快乐的事情发生。其实，这句话就是你不快乐的根源。你只有赶走抱怨，才能如愿以偿地得到快乐。否则，你的心里一直住着抱怨，快乐才不愿意来你心里安家呢！

在此不得不提起吸引力法则。实际上，快乐的人会有快乐的磁场，那么他也会经常遇到让自己快乐的事情。相反，抱怨的人怨气很重，不管发生什么事情第一时间都只想抱怨，久而久之，他的磁场也变成抱怨的气质，只会吸引更多的不愉快。归根结底，抱怨还是快乐，还是取决于我们的内心。从本质上来说，是人生的态度决定了我们面对困难的姿态。积极的人从不放弃，始终不离不弃地寻找解决办法，最终不是有贵人相助，就是事情出现转机，最终获得好的结果。反之，消极的人除了抱怨，什么也不做，因此事情永远也不会改变，只会越来越糟。这也是为什么积极的人更容易得到命运青睐的原因。

很久以前，有对年老的夫妇特别穷，甚至都无法维持温饱了。为了维持生活，他们决定卖掉家里的马，这是家里唯一能换点儿钱的东西啦。老头天还没亮就起床，牵着马往集市上走去。途中，他看到有个人牵着一头身强体壮的奶牛，不由得高兴地想："奶牛比马实用多了，至少每天都可以喝到新鲜的牛奶。"想到这里，他用马换了奶牛。走啊走啊，他突然看到一头羊。老头不假思索地用牛换了羊，他暗暗窃喜："太好了，羊吃的是草，挤出来的却是奶。这样一来，喂羊不需要任何付出。"他高兴地牵着羊走着，看到一只肥硕的大鹅。老头马上想到香喷喷的烧鹅，因此毫不犹豫地用羊换了鹅。

眼看着天色不早了，老头牵着鹅朝家里走去。看到一只会下蛋的老母鸡，他马上怦然心动。思来想去，他又用鹅换了一只老母鸡，这样每天就有鸡蛋吃了。然而，当他看到一个人提着一筐烂苹果时，兴奋地想："太好了，这下子有苹果酱吃了。"就这样，他又用鸡换了一筐烂苹果。后来，天色很晚了，老头提着苹果走不动了，便来到路边的一家酒吧，想坐着休息休息。闲聊时，老头和两个英国人说了自己的经历，那两个英国人听到他居然用一匹马换了一筐烂苹果，不由地哈哈大笑。他们异口同声地说："老太婆肯定会骂死你的，你这个愚蠢的家伙！"老头不以为然地说："不可能，我们今晚就能吃到美味可口的苹果酱，老太婆才不会骂我呢！"两个英国人不相信，决定合伙拿出一整袋金币，和老头打赌。

老头带着两个英国人回到家里，赶紧向老太婆讲述自己一天之中的经历，果不其然，老太婆毫不生气，反而不停地夸奖老头："天哪，我们以后每天都可以喝牛奶了！""当然，羊奶味道也不错！""我有很长时间没有吃烧鹅了，一定很美味。""今天晚上，咱们就吃苹果馅饼吧！"看着兴高采烈的老太婆，两个英国人输掉了整整一袋子金币，不过，他们享受到了美味的苹果馅饼，也领悟到了快乐的真谛。

换作任何一个人，在听说老头用一匹马最终换来一筐烂苹果时，一定会说他脑袋进水了，才会如此愚蠢。然而，当听说他最终因为一袋子烂苹果得到了足够买十匹马的金币时，又不由地感慨他非常幸运。殊不知，老头的幸运是因为不抱怨，不仅老头不抱怨，他的老太婆也从不抱怨。不管老头子用马换了什么回家，老太婆都是那么欣喜和满足。在他们心里，不会权衡利弊得失，快乐才是唯一的标准。

如果你也想得到快乐，不如也学会用乐观的思维方式思考问题吧！既然抱怨没有任何用处，我们还有什么必要怨声载道呢！只有快乐，才能让我们尽情享受生活的每一天。虽然马很值钱，但是和快乐相比，它未必能比苹果馅饼给我们带来更多的快乐。因此，用快乐来衡量，马远远不如苹果馅饼的快乐指数更高。当然，当快乐如约而至，你也会同时拥有幸运，这才是最好的回报！

心理课堂

曾经有心理学家进行研究，结果证实乐观主义者更容易有好运相伴。这是因为他们不管什么时候都不会轻易放弃，而只要努力，就会有转机。相反，悲观主义者则很容易陷入人生低潮，因为他们不能承受任何打击，常常变得沮丧绝望。既然如此，就让我们远离抱怨，拥抱快乐吧！只有快乐，才能为我们招来好运气！

信任是人和人相处的基础

在熙熙攘攘的人群中，你选择信任谁？很少有人会选择信任陌生人，这是因为我们不了解陌生人。由此，我们与陌生人之间似乎有了天然的屏障，不知道如何才能打开彼此的心扉，更好地相处。实际上，任何人之间的相处都必须有信任作为基础。只有信任，才能让我们尊重他人，也赢得他人的尊重。很难想象人和人之间没有信任的情形，彼此猜疑，互相猜忌，这都是人际交往的大忌。有些时候，我们选择信任他人，但是他人却辜负了我们的信任。由此一来，我们不敢再相信他人。其实，这么做的结果是，我们不但失去了对他人的信任，也失去了信任他人的勇气。没错，信任他人的确是一种勇气，这种勇气和很多其他优秀的品质一样，也是我们不可或缺的能力。

要知道，任何一扇门的打开，都必须有推动力。这种信任他人的勇气，就是我们博得他人信任的推动力。信任也是一种非常好的品德。只有勇敢的人，才能敞开心扉接纳世界，不但信任他人，也宽容他人，更加释放自己。信任，还是一种力量，能够让人和人之间更加紧密地团结在一起。细心的人会发现，在平常的日子里我们很难信任他人，然而一旦遇到灾难，在危急关头，我们只能选择信任他人。这时，人们彼此之间变得更加亲密，也更加团结。这就是信任的力量。

曾经，有位年轻人被朋友欺骗，失去了自己所有的财产，一贫如洗。他还欠了很多钱，被生活逼迫得走投无路。他一个人漫无目的地在街道上走着，几乎万念俱灰，甚至产生了求死的想法。然而，他不甘心。他突然产生了邪念，并且认为这也许是最立竿见影的摆脱困境的办法。他走啊走啊，看到路边有一间低矮的房子。他走上去，准备强行推开门进去，突然，屋内有个苍老的声音说："门开着呢，请进。"年轻人愣怔了一下，犹豫着走进屋子里。原来，屋子里有个年迈的老人，是个盲人。老人感觉到年轻人走进来了，又说："桌子上有茶壶和茶碗，如果你渴了，就自己倒水喝。"年轻人环顾四周，看到旁边的床头有些钱，因此悄悄地把钱装在口袋里。正当他准备往外走时，老人又说："桌子底下的筐里有苹果，你拿几个带上吧。路上渴了，可以吃个苹果！"

听到老人的话，年轻人愣住了。他不知道该走还是该留，一时之间呆呆地站在那里。过了很久，他才问："大爷，你也看不见，更不知道我是好人还是坏人，为什么对我这么好呢？"老人笑了，说："爱是相互的。我对你好，你也会对我好的。我相信你。"年轻人惭愧地掏出钱，放回原处。他决定不再走邪路，而是继续怀着真诚的心对待世界，对待朋友，他相信自己也会得到他人的善待。

虽然老人的眼睛看不见，但是他的心是明亮的。他知道，要想让每一个信步走进屋子里的人对他好，他就必须首先信任他们，并且对他们好。只有这样，他才能得到他人善意的回报，也才能更好地保护自己。

不管是陌生人之间，还是熟悉的人之间，亦或者是亲密的爱人之间，要想更好地相处，就必须给予对方足够的信任。虽然对方有可能辜负我们的信任，但是我们依然要鼓起勇气，勇敢地相信他人。只有这样，我们才能建立良好的人际关系，也才能给予自己的生活更大的帮助。

心理课堂

每个人都渴望得到他人的信任，然而，我们首先必须有勇气信任他人，并且慷慨地给予他人信任，才能得到他人的信任。任何事情，都是有舍才有得。即便有舍没有得，我们也应该勇敢付出。毕竟，人和人之间隔着遥远的距离，我们只有努力地勇敢迈出第一步，才有可能拉近与他人之间的距离，走进他人的心里。

第13章

提升吸引力的正面思维法：永远寻找事物的积极面

很多时候，我们不遗余力地奋斗，想要获得成功。面对外界的一切坎坷挫折，我们都能够勇敢地迎难而上，然而，最终我们还是失败了。这是为什么呢？究其原因，我们只关注外界，却忽略了自己的内心。正如一位名人所说，人最大的敌人是自己。只有战胜自己，我们才能成为真正的强者，才能获得好运。

吸引力法则只接受正面命令

在运用吸引力法则时，我们必须掌握规律，才能更加得心应手。很多人不知道的是，吸引力法则不接受负面命令，只接受正面命令。举个最简单的例子来说，假如一个孩子冲着父母喊道“你别打我，别打我”，他们的请求往往不能遵循吸引力法则奏效。相反，如果孩子特别倔强，冲着父母喊道：“你打我啊，你有本事打我啊！”这样挑衅的话语，一则会激起父母的愤怒，二则恰恰符合吸引力法则只接受正面命令的规律，导致父母真的扬起巴掌，狠狠地给孩子的屁股上来几巴掌。这就是吸引力法则的规律，父母接受了正面命令，顺应孩子的请求，在愤怒下给了孩子几巴掌。

在运用吸引力法则时，要想使其发挥作用，就必须掌握积极的、正面的描述方式。否则，大脑就无法接受否定的信息，或者即使是否定的信息，大脑也会做出正面的肯定处理。例如在和孩子说话时，尤其是低龄孩子，很多专家都告诫父母或者老师，不要以否定的口吻和孩子说话。例如，让孩子好好吃饭，可以直截了当地说：“你要好好吃饭，既吃菜，也吃肉。”而不要说：“你不要挑食啊！”否则，孩子只会记住挑食二字，而完全忘记了前面的否定词语。不仅和孩子说话如此，成人之间交流时，也应该尽量使用正面的描述，这样才能遵循吸引力法则起到积极的作用。

我们需要记住的是：吸引力法则只能接受正面信息，无论这个正面信息前有多少表示否定意思的词语，在吸引力法则这里都无法起到否定作用。因此，我们在思考问题时必须正向积极，这样我们的想法才能产生吸引力。很多女性朋友在减肥的时候，通过各种各样的方式，诸如节食、运动、抽脂等，但是她们始终不能变得苗条。究其原因，是因为她们的思想出了问题。她们在减肥过程中，始终想的是“减肥”二字。这样一来，她们潜意识就会觉得自己很胖，而且觉得自己很难变瘦。如果换个角度，在减肥过程中，脑海中始终想着“我很瘦”，吸引力法则就会发挥作用，让身体变得越来越苗条，更加符合自己的期望。再比如，人们常常会发现，越是贫穷的人越难以摆脱贫穷的困扰，这是因为他们整天都在想着如何赶走贫穷，贫穷反而缠住他们。与此相反，很多有钱人轻轻松松就能挣很多钱，而且他的财富会像滚雪球一样越滚越多，这是因为他始终觉得自己很有钱，很能挣钱，所以吸引力法则就产生作用了。在现代心理学中，曾经有过相关的阐述：“我强烈意识的事物总是能如我所愿，来到我的身边。”实际上，这是完全符合吸引力法则的。

娜娜已经是第三次离婚了。也就是说，她经历了三次不幸的婚姻。为什么呢？熟悉娜娜的人都知道，娜娜非常善良，情绪平和。然而，她唯一不好的地方就是，她的父亲曾经对她的母亲家暴，并且因此导致婚姻破裂。这件事情给娜娜带来很不好的影响，她内心深处其实很恐惧婚姻。

结婚之后，娜娜的第一任丈夫的确脾气不好，喜欢喝酒，还常常和娜娜吵架。一次，他们吵了很久，娜娜歇斯底里地喊道：“你打我啊，你打我啊！你这个懦夫！”这句话之后，丈夫的拳头应声而下，把娜娜揍得鼻青脸肿。第二任婚姻当然也没有好的结局。不过，在认识第三个丈夫时，娜娜真的以为他们能够天长地久。这个男人非常憨厚老实，也很心疼娜娜。结婚一年多的时间里，他从未和娜娜争吵过。这次，他们之间之所以发生争吵，是因为娜娜和婆婆之间产生了矛盾。原本，第三任丈夫只想让娜娜多多体谅老人，不想，娜娜就像一个刺耳球一样，对着他喊道：“你想打我吧？你打啊，你打啊，我可不怕你！”男人气急败坏，一巴掌甩到娜娜脸上，他们的婚姻也破碎了。

在这个男人抬起巴掌的一刹那，到底发生了什么变化？要知道，他以前连架都不和娜娜吵。究其原因，娜娜的正面描述让男人改变了想法，他不再觉得娜娜是好女人，也不认为自己是好男人了。娜娜终于如愿以偿，又被第三任丈夫打了，婚姻顺理成章地破碎了。这就是吸引力法则的强大作用。实际上，在娜娜心里，她是排斥家庭暴力的，因为她的父母为此离婚，她自己也曾经为此离婚。但恰恰是这样，她似乎始终在等待家庭暴力的发生，直至其真的发生。归根结底，父亲对母亲家暴的事情给娜娜带来了严重的心理创伤，所以她才会不知不觉把“暴力”意识根植于心，甚至影响了她的第三任丈夫，导致婚姻破裂。这是一个不折不扣的悲剧，可见父母婚姻不幸会给孩子带来多么深远的影响。

要想改变这种现象，就要选择遗忘。只有彻底地遗忘，然后在给予他人正面的描述和导向，才能让吸引力法则发挥积极的作用。

心理课堂

既然吸引力法则只能接受正面的命令，那么我们就要养成积极描述的好习惯。这样一来，我们才能将吸引力法则运用得得心应手，也才能更好地发挥吸引力法则的作用。很多情况下，我们必须非常努力，才能改变负面描述命令的习惯。

为了让他人变成我们所期望的样子，也为了让我们自身朝着积极的方向发展，我们应该努力调整心态，以积极正向的态度面对生活的一切，这样才能发挥吸引力法则的正面作用。记住，千万不要像娜娜一样，因为心理阴影，始终不能释怀，最终把一个好丈夫也变成了家暴者。

不抵抗，才能彻底消除

学过物理学知识的朋友都知道，力的作用是相互的。既然吸引力也是一股强大的力量，那么毋庸置疑，吸引力也是具有反作用力的。在生活中，很多事情都会遭受吸引力的反作用力。换言之，我们越是抵抗，越是排斥，我们所厌恶的事情越是容易继续存在。那么，要想使其对我们的不良影响彻底消除，应该怎么办呢？最好的方式就是不抵抗。以爱情为例，你越是深爱一个人，当他背叛你的时候，你就越是恨他，然而，恨也是一种爱。恨得越深，就说明你越是在深爱着对方。当真正不爱的时候，你才会彻底遗忘这个人，让他成为我们生命的过往。对于吸引力法则也是这样，我们越是抵制和排斥，反作用力就越强。只有当我们于不经意间遗忘之后，吸引力法则的反作用力才会消失。

在国际联盟中，有很多反对战争的人都结成同盟，抵制战争。然而，他们越是反对，战争就越是进行得如火如荼。这就是吸引力法则的反作用力在作祟。与其反对战争，不如倡导和平。当我们把和平的观念灌输到每个人的心中，和平就会真的来到我们身边。再说说世界贸易吧，虽然有很多商家联合起来抵制垄断，然而垄断依然存在，而且肆意横行。在这种情况下，与其反对垄断，不如提倡自由贸易，也许人们更容易受到吸引力法则的作用，选择接受。在生活中，吸引力反力几乎随处可见。很多细心的人都会发现，当我们越反对，某些事物就越发顽强地存在。例如，很多人因为常年生病，经常使用抗生素，最终会对抗生素产生耐药性，导致抗生素对其失去效力。这就像是治水，宜疏，不宜堵。越是堵塞，越容易造成严重的后果。只有适时疏通，才能及时控制情势。

在单位的一次体检中，老张被查出患了肝癌，而且是晚期。医生建议保守治疗，因为癌细胞已经扩散到全身，手术完全没有意义。刚开始时，老张怎么也想不通自己为什么会得这个该死的病，要知道，他才刚刚退休，正准备享受生活呢！为了治疗癌症，他尝试了很多办法，甚至接连辟谷好几天，只为了杀死癌细胞。然而，几经折腾，他的身体状态变得特别差，几乎连站立也不能站立了。后来，在看到一本关于癌症自愈的书之后，老张豁然开朗。他想：“我不想再奋斗了，就让我和癌细胞共生吧，如果它战胜了我，我就安然死去。如果它愿意和我共用一个肉体，那么我就继续看世界。”

老张不再焦虑，而是从容地和老伴一起出国旅游。对于辛苦了一辈子的他来说，即使有生之年有限，也不想再活得那么辛苦和痛苦。一年多过去了，老张拿着卖掉多余房产的钱，和老伴游历了十几个国家。孩子们每天都会打电话询问老张的身体状况，让所有人都感到惊讶的是，老张的身体状况居然越来越好。一年过去，老张回到家里，这也是医生给他宣判的死期。他去医院检查身体，结果让所有人大吃一惊：老张体内的癌细胞消失了。

这是奇迹，发生在老张身上的奇迹。至于癌症为何能够痊愈，连医生都无法给出合理的解释。如果说一定有原因，那就是老张这一年多来和老伴游山玩水，从来没想过自己是个病人。他始终告诉自己：“我很健康，我要快乐地度过每一天。”也许，正是这样强烈的心理暗示，治好了老张的绝症。正因为老张从不抵抗疾病，疾病才会不治而愈。相反，如果老张每天都想着要和癌症做斗争，也许生命还无法延续到一年呢！

心理课堂

真正的不抵抗，是遗忘。老张全然忘记自己是癌症晚期的病症，放开身心和老伴携手游山玩水。新鲜的生活，每天都愉快地度过，让老张心情非常舒畅，根本没有时间想疾病的事情。也正是因为如此，他反而不治而愈了。

不仅仅生理上的疾病如此，心理上的疾病也是如此。很多人因为成长、人生经历等诸多原因，会存在一定程度的心理阴影。如果能够做到真正的不抵抗，做到真正的遗忘，那么就能彻底消除心理阴影对自身的影响。

不要想你害怕发生的事情

很多时候，我们都觉得生活的现状距离我们所期望的样子，相差十万八千里。实际上，这就是理想和现实之间的差距。为什么理想和现实有着如此巨大的差距呢，这就是吸引力反力导致的。要想解决这个问题，我们应该深入了解吸引力法则，也知道吸引力反力的特质，这样才能寻根究底，彻底解决吸引力反力对生活的负面影响和反作用。

民间有句俗话，叫怕什么，来什么。很多负责养育孩子的妈妈总是担心孩子摔了磕碰了，结果孩子恰恰摔倒了。还有些人老珠黄的结发之妻，在丈夫飞黄腾达之后最担心丈夫遭遇小三，那么丈夫偏偏就有了小三插足。这样的不如意，几乎每天都在生活中上演。归根结底，我们越是排斥什么，反而会对其产生吸引力，导致它不请自来地来到我们身边。既然了解了这个规律，聪明的朋友们一定知道该怎么做了。对于你不想面对的事情，千万不要对其日思夜想，只有选择遗忘它们，你才能彻底解脱。要做到心中没有，才不会对其产生吸引力。正因为如此，我们应该学会放开心胸，不管是我们厌恶的人还是事情，从现在开始都不要因为厌恶而将其记挂在心。否则，我们的厌恶和恐惧就会将其吸引到我们身边，反而事与愿违。从另一个角度来说，我们应该学会退步。当在生活中遇到不开心的事情或者为难的事情时，既不要因此而气愤，也不要因此而焦虑。要想摆脱这些不开心，最好的办法就是遗忘。开阔的心胸让我们尽快忘记它们，彻底遗忘它们，最终让它们从我们的生活里彻底消失。

近来，凌琳发现自己的生活几乎被“怕什么，来什么”这句话包围了。先是妈妈因为脑溢血住院，结果爸爸又因为心脏病不舒服也住进了医院。凌琳是独生女，还没有结婚，最担心的就是父母生病，还不住在一个医院。如今，她正在面对这样的窘境。每天除了工作，她都在家和两个医院之间奔波。她不停地祈祷：“我可千万不要生病，我现在是顶梁柱。”结果，没出几天，她就因为上火也患了严重感冒。

拎着因为重感冒失去味觉做出来的寡淡饭菜，凌琳勉强支撑着自己，照顾着医院里的父母。她简直哭笑不得，真是怕什么来什么啊！后来，凌琳和一个同事聊天时说起这事，同事对吸引力法则有所研究，赶紧告诫凌琳：“从现在开始，不要祈祷不生病，而要告诉自己‘我很健康’，这样你才能尽快恢复生龙活虎呢！”凌琳很惊讶，问：“为什么要说我很健康呢，不生病不也是相同的意思吗？”同事笑着说：“虽然你说的是不生病，但是其实你潜意识接受的信息却是生病，因为它不能接受否定的信息。也因此，你的吸引力法则接收到的也是生病的暗示，所以你才会没几天就生病了啊！”凌琳半信半疑，然而父母需要照顾，她只好死马当作活马医，每天都对自己说我很健康。果不其然，几天之后，凌琳恢复了健康。从此之后，她也开始关注吸引力，还了解了吸引力反力的原理。从此之后，她再也不对自己不欢迎的事情念念不忘了。原来，遗忘才是最好的避让！

朋友们，你们是否也曾为自己害怕到来的事情惴惴不安，结果它就真的来了呢！从现在开始，别再想那些让你们惧怕和厌恶的事情了，你会惊喜地发现你果真远离他们，拥有了开心快乐的生活。

心理课堂

不管我们是否愿意，在吸引力的作用下，那些我们关注的或者厌恶的、惧怕的事情，都会来到我们的身边，让我们的担忧变成现实。只有把它们抛之脑后，就当它们不存在，它们才会远离我们的生活，并且把厄运也带走。

对于人类而言，所有的意识都以大脑为发源地，是感受、情绪等主管体验的强化。一旦我们脑海中不停地出现某种想法，我们就很难再将其忘记。由此一来，我们必然对其念念不忘，导致其更加轻易地进入我们的生活。当我们忽略这些事情时，他们才会进入我们的意识深处，逐渐消失，也逐渐远离我们的生活。当你真的想阻止一件事情发生时，你一定要想也不去想，这样才能真正遗忘。消失的记忆，才能帮助吸引力发挥积极作用。

退一步海阔天空，忽略才会消失

前文我们已经接触了吸引力反力，也知道吸引力反力的原理。现在，我们知道每当我们强烈想要抵触一些事情时，反而更容易把自己的意识集中在那些事情上，从而导致事与愿违的结果。假如我们想要阻止一件事情的发生，或者避免某件事情出现在我们的生活里，那么正确的做法是不再去想那件事情，通过转移注意力的方法，让自己关注其他好的事情。这样一来，我们才能忘记自己刻意忽略的事情。

生活就如同这反复无常的天气，并非只有晴天，风和日丽。很多时候，天气会突然降温，或者刮起大风，下起大雨。每当这时，我们应该怎么办呢？如果我们因为天气影响心情，那么看着风雨交加的室外，看着电闪雷鸣的天空，我们一定会更加暴躁不安，直至好心情消失得无影无踪。如果想要调整心情，最好的办法就是忽略坏天气，归根结底，坏天气终究会雨过天晴。与其因为一时的阴雨而愁绪绵绵，不如调整思路，做一些适合室内的活动，为自己找到新的乐趣。如此一来，天气对你的影响会降到最低。就像有些人喜欢在刮风下雨的日子，窝在家里看看书，听听音乐，这也是不错的体验哦！

生活中，常常有人试图改变自己的坏习惯。因此，他们每天都提醒自己："我不能再很晚睡觉；我要保持微笑，不能乱发脾气；我不能随便打断他人说话……"等等诸如此类的坏习惯，如果我们总是牢记于心，反而更不容易改掉。最好的办法是告诉自己："我要早睡早起；我要保持微笑；我要想想美好的事情……"这样的正向命令，让我们更加强化潜意识，从而将其变为现实。也因为淡忘了那些坏习惯，我们反而更容易改掉它们，彻底地将它们抛之脑后。曾经，有很多热爱动物的人士联合起来，号召人们抵制皮草。然而，这种活动越是大张旗鼓地进行，有些人就越是对皮草趋之若骛。假如媒体能够改变方式，不再关注相关的活动，人们也许对皮草不会这么关注。实际上，只要政府加大对皮草产品的税收，抬高皮草的价格，那么很多人就不会再那么热衷于皮草，从而使人们对皮草的狂热慢慢冷却下来。这就是吸引力反力的作用。为了抵消这种反力的作用，我们必须学会忽略。只有彻底地忽略，才能让某些现象彻底地消失。

妈妈带豆豆去打防疫针，还没去之前，妈妈就告诉豆豆："宝贝，今天我们要去打防疫针，你可要勇敢一些啊，不要哭啦。"不想，自从妈妈说完这句话，豆豆就开始不停地哭，一直到打完防疫针，还哭了很长时间。爸爸建议妈妈下次再打防疫针，先不要和豆豆说，等到了防疫站，马上就要打的时候再告诉豆豆。妈妈采纳了爸爸的建议，果然，豆豆这次没有哭很长时间，只是在扎针过程中哭了几声，马上就又和小朋友们玩等待区的滑梯了。

这种现象也是关注的效果。前一次打防疫针，豆豆因为从家里还没出发时，就已经知道要打防疫针，因此不停地在脑海中强化打防疫针的情形，导致特别害怕。后一次呢，妈妈没有提前告诉豆豆，因此豆豆一直很放松，根本没有注意打防疫针的事情。即使到了防疫站，也和小朋友们高高兴兴地玩滑梯，仅仅在扎针时哭了几声，一旦扎针结束，马上就忘记疼痛，又开始玩起来。他成功地忽略了扎针给他带来的痛苦，也成功地遗忘了扎针的痛苦。

这就和放大镜聚焦阳光是一样的道理。如果把放大镜放在阳光下保持固定，那么光线就会被集中在一个点上，最终引燃纸张。相反，如果放大镜在阳光下不停地晃动，那么它聚集的光线就无法集中所有的能量，也就不能引燃纸张。专注，恰恰是我们心里的放大镜。为了避免更加严重的后果出现，我们要学会分散注意力，学会分散能量，从而避免灾祸的发生。相反，如果我们想要集中精力做好某件事情，也就必须集中所有的心力于一个点上，才能最终获得成功。

心理课堂

毫无疑问，要想记住一件事情是很难的，必须在脑海中不停地练习和强化。同样的道理，想要忘记某件事情也是很难的，因为我们必须不停地提醒自己忘记它，而这个过程恰恰会起到相反的作用，让我们更加牢记它。要想忘记一件事情，转移注意力无疑是最好的办法。只有让自己的精神集中在其他事情上，我们才会自然而然地忘记想要忘记的事情，从而避免吸引力反力出现。

从某个角度来说，忽略是最好的遗忘方式，是最卓有成效地避免吸引力反力的方式。

运用潜意识，好处多又多

自从《秘密》一书问世，为什么有这么多人开始关注吸引力法则呢？吸引力法则究竟有何奥妙，能让这么多人对它趋之若鹜。实际上，吸引力法则最吸引人的地方就在于，它能够激发人的潜意识，从而让潜意识帮助人们发掘潜能，进而具备成功的诸多条件。这就是吸引力的奥秘所在。换言之，只要能够很好地运用潜意识，我们就能帮助自己做成很多事情，也能让自己有所成就。

如何激发潜意识呢？一般情况下，我们很少运用潜意识，使其对我们的生活和工作产生帮助。实际上，潜意识有超强的能量，这种能量甚至超出我们的想象。很多情况下，只要潜意识发挥作用，就会让我们得到意料之外的收获。那么，让我们一起来了解激发潜意识的方法吧。经过学习，我们知道潜意识是有规律的，例如持续地关注一件事情，渐渐地就会形成潜意识。例如民间所说的，日有所思，夜有所梦，就是这个方法的最好注解。人们在白天的时候想到了某个人或者想起了某件事情，他们在睡梦中就会不由自主地梦到这个人或者这件事。这就是关注激发潜意识的最好例证。当然，也不乏有些科学家，他们之所以能够解开难题，恰恰是潜意识在帮助他们。

古希腊的国王想制作一顶纯金的皇冠，因此昭告天下，找到了一位技艺高超的工匠。他让工匠按照泰尔皇冠的样子，为他也打造一顶完全相同的皇冠。国王给了工匠足够分量的金子。眼看着工期就要到了，工匠带着精心制造的皇冠来到王宫，准备呈现给国王。经过称重，证实这个皇冠的重量和国王给工匠的金子是相同的，而且皇冠的样子也和泰尔的皇冠一模一样。按照事先约定，国王赏赐了工匠。然而，看着皇冠，国王突然产生了猜疑：这顶皇冠真的是纯金的吗？看着这个样式精美的皇冠，国王不想把它毁坏，又很想知道它是不是纯金的。思来想去，国王决定让全国最聪明的阿基米德在保证皇冠完好无损的情况下，想办法检验皇冠是不是纯金的。

在当时，这可是个大难题。阿基米德思来想去，尝试了各种办法，都不能像国王要求的那样，在不毁坏皇冠的情况下，验证皇冠是否是纯金铸造的。他很发愁，废寝忘食，只为揭开真相。甚至是在做梦的时候，他都情不自禁地自言自语："国王—皇冠—黄金……"就这样，阿基米德每天茶不思饭不想，转眼之间人就憔悴了很多。再加上没有洗澡和理发，他看上去就像是个走火入魔的疯子。妻子生气地把他带到洗澡堂，强迫他必须洗澡。然而，阿基米德刚刚进入水中，就意识到水的浮力使他身体轻盈。这时，他脑海中依然是皇冠，不由地灵光一闪：利用水的浮力测试皇冠的密度是否和金子相同。想到这里，阿基米德欣喜若狂，澡都没洗完，就赤身裸体从洗澡堂飞奔而出。

阿基米德最终之所以能够解开皇冠的秘密，就是因为潜意识的作用。他满脑子都是国王交代给他的难题，因此虽然人去了洗澡堂，潜意识里却依然在思考这个难题。当水的浮力进入他的脑海中，和皇冠的难题不期而遇，答案也如灵光乍现般出现在他的脑海里。由此一来，阿基米德成功地解开了皇冠的谜团。其实，阿基米德的情况在很多人身上也曾出现过。例如，我们在上学时遇到了一个难题，想了很长时间都没有想出来。也许，答案会在我们的睡梦中出现。这并非是谁在帮助我们，而是潜意识一直在辛苦地工作。即便我们已经酣然入睡，它也依然任劳任怨地寻找答案。不管是在工作中，还是在生活中，如果我们能够巧妙运用潜意识，就能发挥潜意识的巨大作用，让其为我们所用。

心理课堂

即使你依然酣然入睡，或者正在集中精力静静地坐着，你的身体看似处于停滞的状态，其实你的潜意识正在不停地工作。要知道，潜意识工作的过程根本不受我们大脑控制，它游离于我们的意识之外。正因为如此，它才蕴含着巨大的能量。

心理学家曾经针对潜意识进行过多次试验，研究表明，人在被催眠时会无意识地接受一切暗示，即使这些暗示是错误的，身体也会做出反应。由此不难想到，如果我们对自己的潜意识进行积极的引导，那么它就会发挥正向作用，帮助我们的生活和工作。

别让胆怯阻挡你前进

社会发展到今天，一切成就都进入了高端时代。不管我们是否承认，地球都变成了小小的村庄，整个世界上人与人之间、国家与国家之间的界限，都变得更加模糊，甚至已经失去界限。著名诗人王维面对和友人的离别，曾经发出“海内存知己，天涯若比邻”的感慨。现在，天涯若比邻已经成为现实。不管你在世界的哪一个角落，只要你愿意，就可以在很短的时间内围着地球绕一圈。甚至，星球与星球之间的界限也越来越模糊，自从人类第一次登上月球，在短短的时间里，已经有很多宇航员的脚印留在了月球的土地上。

在每隔四年就举行一次的世界运动盛会——奥运会上，强壮的运动员们不断地挑战身体的极限，超越自我，也超越人类。正是在这些过程中，人类身体的潜能得到了前所未有的开发。这一切都在告诉我们，只要坚持探索的脚步，我们就能创造奇迹，将一切可能性变为现实。既然如此，我们还有什么可害怕的呢？答案当然是否定的，我们应该无所畏惧，最终无所不能。

尽管道理每个人都懂，然而在现实生活中，大多数人都会因循守旧，按照固有的思路展开思考，从而节省宝贵的时间。实际不然。如果我们总是按部就班，那么我们就无法创新，也无法突破自我。当这个世界都处于日新月异的变化之中，我们的坚守只会让我们步步落后。现在，每个人需要做的都是打破桎梏，突破界限，获得无尽的可能性，最大限度地发展自己。毫无疑问，人生必须达到一定的境界，才能更加接近成功与辉煌。

拿破仑在滑铁卢战役中被打败，之后流放到圣赫勒岛。他在这个闭塞的岛上过着乏味的生活，这与他前半生叱咤风云的英雄豪气简直有着天壤之别。后来，他的一个好朋友辗转托人带了一副象棋给他。因为没有其他的娱乐活动，拿破仑很珍爱这副象棋。每当感到寂寞时，他就会独自下棋。就这样，拿破仑的下半生一直被囚禁在岛上，直到死去。

拿破仑去世后，那副象棋被多次拍卖。若干年后，象棋持有者无意间发现，其中有个棋子的底部居然设有机关，打开之后发现，象棋内部藏着逃离圣赫勒岛的方法。当即，这个新闻轰动了全世界。遗憾的是，拿破仑却没有在有生之年发现象棋的秘密，让好友的苦心付诸东流。对于拿破仑来说，在滑铁卢战败并不是他命运的终结，没有发现象棋的秘密才是他最失败的地方。这样一个有着雄心壮志的伟大人物，居然败在自己手上。如果他能够绞尽脑汁想办法逃离囚禁之地，也许就会发现象棋里的秘密。如果那样，世界历史都会因此而改变。

毫无疑问，拿破仑败给了自己的胆怯。他不敢想象自己能够逃离囚禁的小岛，因此始终抱着听天由命的想法在岛上寂寞度日。从这个角度来说，拿破仑最大的敌人是他自己，他败在了自己的手上。

不仅拿破仑会遭遇滑铁卢的失败，作为普通人，我们也会遭遇命运的滑铁卢。幸好，我们解开了拿破仑失败的秘密，那么就要打开自己的思维，不管什么时候都不要胆怯，更不要轻易放弃。只有坚持不懈，我们才能抓住每一个反败为胜的机会，成就自己。

心理课堂

在滑铁卢战败之前，拿破仑曾经想征服整个欧洲。就是这样一个伟人，仅仅因为陷入失败思维之中无法挣脱，最终胆怯了，败给了自己。实际上，每个人都有失败的时候，最重要的是不能放弃，更不能故步自封。

中国有句古话：一朝被蛇咬，十年怕井绳。这句话很好地诠释了胆怯的含义，实际上，胆怯并非是害怕什么具体的事物，而只是无法战胜自己的内心。要想成就自己，我们就必须在挫折面前迎难而上，在绝望之中始终心怀希望。任何人都无法阻挡你前进的脚步，只要你的心始终坚持向前。

背信弃义的人没有吸引力

人和人之间相处，最讲究的就是信义。所谓信，就是诚信，我们应该信守自己的诺言，言必出，行必果。所谓义，就是义气，只有讲义气，才能得到更多的朋友。现代社会，生活节奏越来越快，人们整日奔波忙碌，为了生活，为了工作。人们之间的感情越来越淡漠，每个人只想着完成自己的心愿，根本不顾及他人的感受。甚至连爱情也进入方便面时代，是速成的，再也没有天长地久。即便如此，真诚的人依然想要寻求感情的寄托，不管是对朋友，还是对爱人，他们都希望能够一如往常。

如果你想拥有更好的人缘，希望自己得到他人的尊重和认可，你就应该坚持自己的原则，真诚地对待朋友，始终信守诺言。否则，当你苦心营造的吸引力为了吸引来很多好朋友时，你背信弃义的行为就会让你瞬间失去这些朋友。在讲究人际关系的今天，不管你从事何种工作，也不管你承担着怎样的社会角色，一旦失去好人缘，失去朋友的帮助和扶持，你就会举步维艰。

很久以前，有只小狐狸特别贪吃。有一天，它路过养鸡场，看着肥硕的小鸡仔，不由得垂涎三尺。它暗暗想到："这些鸡娃娃们真肥嫩啊，吃起来肯定很美味。"想到这里，它悄悄地靠近鸡舍，想抓一只小鸡仔解解馋。突然，它的脚被夹子夹住了，它不由疼得嗷嗷叫。它使劲挣扎，然而，夹子夹得更紧了，简直要把它的腿夹断。

正当小狐狸气急败坏时，小山羊走了过来。小狐狸赶紧向山羊求救："亲爱的朋友，赶快救救我吧，我快要死啦！"看到小狐狸被夹住了，小山羊暗暗地想：活该，谁让你要偷鸡呢！小山羊继续往前走去，小狐狸急得大叫："好心的小山羊，我绝不是想偷鸡的。我是路过的，我急着去看我的妈妈呢！好心的小山羊，请你救救我吧，妈妈还在等我呢！"看到小狐狸可怜的样子，小山羊有些动摇了。这时，小狐狸继续说："我真的是路过。上次，我还跳进河里救起一只兔子呢！不是说好人有好报么，我日后一定会报答你的。"小山羊看到小狐狸苦苦哀求的样子，还以为它不再偷鸡吃了呢！因此，小山羊把小狐狸的后腿从夹子里拿了出来。小狐狸刚刚恢复自由，就头也不回地跑了，根本不管救它的小山羊。

好几天过去了，小狐狸养好后腿的伤，在树林里散步。突然之间，它听到“救命”的呼喊声，原来，小山羊不小心掉进了陷阱。它不管怎么努力，都爬不出高高的陷阱。看到小狐狸出现在眼前，小山羊高兴地说：“小狐狸，你好，赶快救救我吧！”小狐狸可没有那么善良，它眼睛滴溜溜一转，说：“你等着，我去找帮手！”说完，小狐狸就一溜烟地跑了，杳无踪影。小山羊在陷阱里等啊等啊，等了很久也不见小狐狸回来。后来，其他路过的动物救了小山羊。从此之后，小狐狸背信弃义的事情就在森林里传开了。没过多久，小狐狸又被猎人的夹子夹住，但是没有动物愿意再帮助它脱险，它被猎人抓走了。

在这个寓言故事中，背信弃义的小狐狸，再次被夹子夹住之后，没有任何动物愿意帮助它。这个道理在人与人之间同样适用。面对曾经帮助我们渡过难关的人，我们应该给予对方真诚的回报。尤其是在对方遇到困难时，必须不遗余力地帮助对方。一旦失信于曾经帮助过自己的恩人，人的名声就会大大败坏，以后再也没有人愿意相信他们。

心理课堂

前文曾经说过，每个人都有磁场，这个磁场会吸引与我们性情相投的人，让我们和他们成为朋友。这个磁场有着很强的吸引力，然而，也会瞬间失去吸引力。当我们背弃了曾经帮助我们的人，很快，我们就会失去对朋友的吸引力。

是否帮助他人并非是一件至关重要的大事，然而，在得到他人的热心帮助之后，冷漠地对待有困难的恩人，就显然是人品问题。品质不好的人，是绝对不能用来当作朋友的。如此想来，一个人一旦背信弃义，就会完全失去吸引力。背信弃义要付出如此惨重的代价，还有谁会轻易犯这样的错误呢！

南辕北辙，导致吸引力反力更强

吸引力不但有正向的力量，也同时拥有反力。前文已经说过，我们应该选择正面积极的描述下达命令，否则，就会起到反力的作用。这是因为人的潜意识无法区分肯定与否定，只能接受肯定的命令。如此一来，如果我们与吸引力背道而驰，南辕北辙，吸引力的反力反而更加强大。既然这样，不如顺从吸引力法则，也许能够起到积极正向的作用。

很久以前，有个人从魏国出发，想去遥远的楚国。他知道路途漫长，因而准备了很多盘缠，还特意挑选了一匹强壮的马，打造了一辆结实的马车。当然，他也没有忘记雇佣一个经验丰富的车夫，这才启程。从地理位置上讲，魏国在楚国的北面，因此去楚国应该往南走。然而，这个人不管三七二十一，一味地让车夫往北面驾驶马车。途中，有行人问他想去哪里，这个人说："楚国！"行人好心好意地提醒他："楚国在魏国的南面，你应该往南走，而不是往北走。你的方向错了。"他不以为然地说："没关系，我的马非常强壮！"行人很着急，拉住马的缰绳阻止他："你的方向不对，马再强壮，也无法到达目的地。"他依然执迷不悟，说："我带了充足的盘缠。"行人想尽办法阻止他，说："路费再多，也是白花了。你必须选择正确的方向啊！"他很厌烦，没好气地说："我的车夫经验丰富！"无奈之下，行人只好随他去了。

这个人明明是要去往楚国，却选错了方向。虽然行人几次三番地劝阻他，但是他却越来越固执己见。这就是吸引力的反力在发挥作用，在背道而驰、南辕北辙的情况下，反力的作用越发强大。如此一来，强壮的骏马、结实的马车、充足的盘缠，原本在方向正确情况下的有利条件，现在都变成了不利因素，导致事情的结果与初衷相差甚远。

不管做什么事情，我们都应该首先找准正确的方向。这样才能发挥有利条件，顺利实现目的。一旦方向错误，那些有利条件就会变成不利因素，起到很强的反力作用。

心理课堂

从吸引力法则的观点来看，我们生活中的一切都是心之向往所得到的。我们先是在脑海中幻想和憧憬一切，又开始为之而不懈努力。这样一来，我们就会通过自己的拼搏和奋斗，实现梦想。不管是成功还是失败，不管是悲哀还是快乐，实际上都是我们内心的感受。既然我们的心里装着天堂，那么幸福与否也完全取决于我们的内心。所以，人们才说天堂和地狱其实就在一念之间。

很多时候，我们选错了方向，就像南辕北辙的人，把自己精心准备好的一切有利因素，都变成了不利条件。在这种情况下，我们应该及时调整自己，选对方向，这样才能事半功倍，随心所愿。

顺其自然，为吸引力法则助力

刚刚接触吸引力法则的人，往往会进入一个误区，认为只要自己心之所念，就会形成强烈的吸引力，将自己想要的东西吸引过来。实际上，吸引力法则远非这么简单，否则大家只要坐在家里做白日做梦就行，何须四处奔波，劳心劳力呢！要想让吸引力法则发挥积极正向的作用，想念只是第一步，具体做法是集中意念想自己渴望得到的一切，然后形成强烈的意志。接下来，我们就要由想念变为具体的行动，为了实现自己的目标不懈努力。曾经有人说，机会总是给有准备的人提供的。这句话的意思是说，如果你总是白日做梦，不采取任何切实的行动，即使你得到了机会，也不可能抓住机会。反之，假如你一直在努力，不管遭遇怎样的厄运都不放弃希望，都相信自己一定能获得成功，那么你必须时刻保持警醒，时刻准备着为实现自己的梦想而努力，这样一来，你当然能够抓住转瞬即逝的机会。吸引力法则同样符合这个规律。不管意念多么强烈，现实情况是天上不会掉馅饼，你必须竭尽全力去拼搏和奋斗，才能接近自己的目的，才有机会实现自己的梦想。

当然，古人曾说，尽人力，听天命。这句话告诉我们，虽然我们必须不懈努力才能实现梦想，然而却不能强求。很多时候，必须天时地利人和，人们才能水到渠成地成就一件事情。相反的，假如这些条件缺少任何一样，我们成功的道路就会更加坎坷，很难一气呵成。如此一来，我们除了要努力奋斗之外，还要摆正心态。没有什么东西是不可失去的，也没有什么东西是必须得到的，想清楚这一点，你才能坦然面对得失，不以物喜，不以己悲。只有做到从容自如，顺其自然，吸引力法则才能发挥更强的积极作用，帮助我们实现目的，完成心愿。

薇薇是一名高三学生，还有几个月就要高考了。一个偶然的机会，她读到了《秘密》一书，了解了吸引力法则的相关知识。她很兴奋，也想按照吸引力法则的指引，集中自己的意念，努力提高高考成绩，进入心仪的大学。想到这里，她根据书上的内容，为自己制定了一个非常明确的目标，而且还完成了梦想板的制作。每天晚上入睡前，她还会放松自己，集中意念憧憬未来。总而言之，她把书上提到的一切都做得很好。然而，她忘记了一件事情，她没有顺其自然。等到高考来临时，她因为有着强烈的渴望，所以原本就心理素质不好的她，居然变得更加紧张。

薇薇太想考出好成绩了，结果，她紧张得一塌糊涂，高考落榜了。后来，薇薇想来想去，也不知道问题出在哪里。最终，她才意识到自己忽略了顺其自然这一点。复读的一年时间里，薇薇依然用吸引力法则训练自己的意志，然而，这次她没有过于执着，而是怀着顺其自然的心态。果不其然，这次高考她很放松，丝毫没有觉得紧张。果然，薇薇考出了一个好成绩，甚至比平日模拟训练中的成绩提高了很多。经过一段时间的等待，薇薇终于等来了大学录取通知书。从此之后，薇薇经常使用吸引力法则，集中自己的意念，不过她这次牢牢记住顺其自然不能强求的道理，每次都得心应手，取得了很好的效果。

很多人在接触吸引力法则之后，都误以为只要集中意念去想，去憧憬，就能够心想事成。实际上，吸引力法则也是不可强求的。凡事都需要很多因素综合作用才能取得成功，仅仅依靠想，很难把事情做成。

心理课堂

当你一心一意地想要完成某件事情，你的确会更加精神抖擞，因为你有着明确的目标。然而，在做的过程中，并非我们的心愿足够强烈，事情就一定能够成功。所谓天时地利人和，往往缺一不可。既然我们控制不了外界，只能控制自己的内心，那么最好的办法就是尽人力，听天命。我们只要尽心尽力去做了，即使失败，也了无遗憾。

第14章

剔除消极想法：提升吸引力，正能量和好运气才会跟随你

既然有正能量，也就有负能量。现代社会，正能量的人很多，负能量的人也不少。要想增强吸引力，我们必须剔除消极想法，让自己充满积极想法。试想，谁不想簇拥在正能量的人身边，让自己变得精神抖擞，斗志昂扬呢？！如果被传递了负能量，那么就会变得悲观消极，一定会影响命运的。从现在开始，剔除消极想法，让自己充满正能量吧，这样才能好运相随！

盲目从众，只会让你变得更平庸

曾经有一个人，站在路上仰头看着天空。他就那么一直安静地仰头望天，什么也没有想，什么也没有看。路过的人看到他的样子，纷纷觉得奇怪。没过多久，有一个人出于好奇，也纳闷地站在他身边仰头看天。渐渐地，越来越多的路人加入他们的队伍，也静静地望着天。然而，等到十几分钟过去了，当这个人终于低下头环顾四周时，不由地惊讶不已。他尴尬地说："不好意思，我流鼻血了。"大家听到他的话，都非常失望，转身离开。这当然是一个夸张的笑话，但是却非常生动地向我们揭示了从众行为。从心理学的角度来说，人们之所以做出从众行为，是有心理学依据的。人是群体动物，每个人都希望自己能够融入群体之中，成为其中的一员，而不想特立独行，招人注意。正因为如此，在大多数都做一件事情时，相当一部分没有参与的人，都会被激发起从众心理。殊不知，盲目从众只会让你失去特性，变得平庸，甚至是庸俗。

一般情况下，人们坚定不移地相信少数应该服从多数，这与真理掌握在少数人手中的观点完全是背道而驰。然而，一味地盲目相信他人，因此而失去自己的判断，则往往会导致得不偿失的后果。这就是盲目的从众。从某种意义上来说，从众似乎是一种社会本能。曾经有人对低龄孩子展开研究，最终发现很多幼儿都存在从众心理。当然，并非所有的从众都是错误的。需要注意的是，我们必须具体情况具体分析，具体情况具体对待。如果不假思索地做出选择，则很容易扼杀创造性，使思维变得僵硬固化。有些人，喜欢开动脑筋，针对现状展开思考，并且不断地修正自己。如此一来，才能持续进步，为自己的人生负责。

曾经，美国发生了一个著名的案件。一位单身女性在夜晚下班回家时，遇到歹徒抢劫勒索。当时，她积极地呼救，而且旁边的楼房里显然有很多户人家都有灯光。然而，事情最终的结果让人瞠目结舌，在长达十几分钟的时间里，歹徒最终制服了这个尖叫的女子，成功抢劫。对此，很多心理学家都展开了研究，发现是从众心理在作怪。这些目睹抢劫案发生经过的居民，竟然没有一个人报警，也没有任何人对这名受害女子施以援手。归根结底，是因为他们都在等待他人做出反应，从而在长达十几分钟的时间里失去救援的机会。如果当时旁边的居民楼里只有一户人家在家，那么也许他们会毫不犹豫地拿起电话报警，甚至端起枪出去帮助受害人。遗憾的是，当时已经是深夜，很多人家都在家，也因此，他们竟然全都不约而同地采取了观望的态度，导致抢劫案的完成。这样的事例在生活中并不少见。例如红绿灯路口，当正在等红灯的人们蠢蠢欲动，却无法下决心闯红灯时，如果有任何一个人带头过马路，那么其他人马上也会群起而效仿之，导致红灯形同虚设。这就像是河里的一道闸门，一旦打开，就势不可挡。反之，如果没有人带头闯红灯，即使等红灯的人们每个人都蠢蠢欲动，他们也能够暂时控制住自己，遵守交通规则。在人们的心里，似乎总觉得只要做的人多了，哪怕是错事，也有了一定的合法性。实际上，这种观点是完全错误的。

曾经，有位化学家去一所大学举办活动。当时，他特意对同学们说："同学们，今天我特意带来了最新研究出来的挥发性液体。这种液体挥发性特别强，而且有着刺鼻的气味。一会儿，当你们闻到气味的时候，请马上举手，我要测量它挥发的速度，请同学们配合。"说完，化学家打开密封的容器，没过多久，前排的同学稀稀拉拉地举起手来。紧接着，中排和后排的同学也纷纷举起了手。最终，在五分钟时间内，全体同学都举起手。这时，化学家笑了。他说："同学们，这个容器里装的是无色无味的蒸馏水。"这件事情的结果充分说明了一个道理，大多数人都是具有从众性的。尤其是当自己身边的人全都出现某种行为时，人们更容易受到强烈的心理暗示，不愿意被其他人排除在外。实际上，这些同学并没有撒谎，而是他们在强烈的心理暗示下，真的以为自己闻到了气味。关于从众的普遍性，我们在小学时学习的课文《皇帝的新装》中，那些大臣和百姓们，看到光着屁股、戴着皇冠的国王在游行，全都啧啧赞叹衣服的高贵和合体。直到一个孩子童言无忌地说出了真相，他们才七嘴八舌地议论起来。在这次事件中，他们隐瞒真相是从众，说出真相也是从众。不得不说，拥有这样的大臣和百姓，是皇帝莫大的悲哀。

心理课堂

只有运用理性，减少盲目从众的行为，我们才能成为最真实、最强大的自己。很多从众的人，在频繁的从众行为中，渐渐变得人云亦云，失去思考和判断的能力。要知道，一个成功者是不会轻易相信别人的，尤其是那些平庸的人。你想成为与众不同的自己吗？那就从不盲从开始吧！

拥有宽容就是拥有了强大的魔力

漫漫人生旅途中，每个人都难免会遇到不愉快的事情，甚至受到莫大的委屈。在这种情况下，我们是据理力争，得理不饶人，还是宽容和善，得饶人处且饶人呢？！有人选择前一种做法，结果与人撕破脸皮，甚至老死不相往来。有人选择第二种做法，不但以德报怨，赢得了他人的尊重，还赢得了朋友，让他人心服口服。这就是宽容的魔力。

在一场名流的聚会上，各种地位高贵、身份显赫的人物端着酒杯悠然自得地闲聊，当然，也少不了那些打扮入时、满身贵气的夫人们。服务生很忙碌，不停地端着摆满酒杯的托盘穿梭其间。也许是因为没留意吧，一个服务生被一位中年女士突然抬起的手打了一下，托盘一歪，酒水洒在了服务生身后一位年轻女士的衣服上。这时，中年女士不待服务生做出反应，就拿腔作势地说："哎呦，真是没素质啊。你看看，你走路怎么不看路呢！差点儿把我的手都打疼了。"年轻女士也不甘示弱，说："服务生，你难道不长眼睛的吗？这里这么多人，你应该随时防备那些不合时宜的手啊！"虽然听出了年轻女士的话音，中年女士却丝毫没有搭腔，而是把矛头指向了服务生。一时之间，在场的人们都安静下来，静待事态的发展。

大堂经理闻讯赶来，把原本就非常委屈的服务生训哭了，还逼着服务生道歉。中年女士和年轻女士都是一副不依不饶的样子，丝毫没有想到这个年轻的服务生也是躺着中枪，冤枉死了。最终，这个稚气未脱的服务生，给两位女士都道了歉，这件事才算宣告结束。然而，在场的并非都是居高临下的有钱人。旁边有人小声说："公众场合，举手投足都应该注意。服务生也够冤枉的，谁能想到走着走着眼前会突然出现一只手臂呢！得饶人处且饶人，把这个孩子弄得丢掉工作，有什么好的呢！"

这件事情，两位女士看似占尽优势，尤其是那位中年女士，不但没有向年轻女士道歉，反而把矛头指向服务生，不得不说是仗势欺人了。她们的行为，给原本和谐友好的聚会掀起了小小的波澜，实在让人心生遗憾。当你对待别人不够宽容，其实也是在给自己添堵。

要想拥有一颗宽容的心，拥有开阔的人生，我们就应该时时处处宽容他人，谅解他人。有一次，一位妈妈带着孩子乘坐出租车。孩子坐在车上百无聊赖，突然问妈妈："妈妈，司机叔叔为什么这么黑？"妈妈抚摸着孩子的头，沉思片刻，才笑着说："如果世界上的人都一样白，那也未免太枯燥了。所以，上帝特意创造了黑色的皮肤，让我们的世界更加多彩。上帝还让白人和黑人成为朋友，这样世界才会充满友爱。"司机第一次听到这位妈妈这样的解释，不由得感动万分。在那个年代的美国，对黑人的歧视非常严重。这位妈妈的话，让他感受到爱和尊重的力量。

事例中的妈妈非常宽容，尽管社会上有很多人反对黑人，歧视黑人，但是她却能以一颗宽容之心，教会孩子尊重和爱别人。相信在这位妈妈的教育下，孩子长大之后也一定会心怀宽容，与人友善相处。当父母学会宽容，宽容就会像一颗种子一样播种在孩子心里，伴随孩子的一生，给孩子带来无尽的财富。现代社会，有很多孩子之所以自私、狭隘，就是因为家庭教育出现了偏差。当看到孩子因为不够宽容而品尝生活的苦果时，父母们应该扪心自问：我们是否给孩子树立了宽容对待他人的榜样。唯有在孩子小的时候就帮助孩子树立宽容之心，孩子的一生才能健康快乐地成长！

心理课堂

和诚实、善良、勤奋一样，宽容也是快乐生活的必备要素之一。宽容，能够给予他人应得的尊重，也帮助我们赢得尊重。宽容，是一种非常强大的力量，看似无声无形，实际上却能包容万物。当一个人发自内心地宽容外界的一切，他们就会逐渐领悟到生命的快乐！

曾经有位名人说，生气是用别人的错误惩罚自己。当你因为别人的错误而感到气愤时，不如想想这句话。当你已经因为别人的错误蒙受了损失，你还想失去快乐的心境吗？想清楚得失，聪明的你自然会做出正确的选择。

慷慨赞美，助你拥有吸引力

你喜欢听到赞美吗？答案当然是肯定的。任何一个人，都希望自己得到他人慷慨的赞美，尤其是当这份赞美出自真心时。现代社会，很多年轻人称呼他人动辄“美女”“帅哥”，尽管被称呼的人明知自己的长相有点儿对不起观众，却依然笑得心花怒放。从这一点不难看出，即使对方知道你是刻意逢迎，也依然会因为你的赞美心怀喜悦。基于这一点，学会赞美他人就成为人际关系中的杀手锏。恰到好处、恰合时宜的赞美，总是能够让我们在人群之中如鱼得水，风生水起。如果你总是妙语如珠地赞美他人，甚至还会形成强大的吸引力。尤其是在人多的场合，你会惊喜地发现大家很乐意围绕在你的身边，倾听你的“甜言蜜语”。

常言道，良言一句三冬暖。这句话的意思是说，一句迎合他人心理的话，能够在他人心里留下良好的印象，甚至认可和欣赏说话的人。传说，弥勒菩萨和释迦牟尼是一起开始修行的，但是，弥勒菩萨却经历了三十劫才终于得道，立地成佛。释迦牟尼呢，他非常善于赞美他人，也因此帮助了很多人，所以早早地就修成正果。关于赞美，释迦牟尼佛曾经对一个穷人说：“在天底下，最小的施舍就是赞美他人，给予他人真诚的微笑，我们理应这么去做。”可想而知，释迦牟尼在修身的过程中，从不吝啬自己的微笑和发自内心的赞美。

赞美能够给人以力量，这种力量是积极的正向能量。给予他人赞美的人，会因为得到他人慷慨回赠的好意，也变得快乐起来。如此，人与人之间的关系变得谦虚礼让，你敬我，我敬你，何乐而不为呢！即便彼此之间有些小小的误会，也会因为相互的赞美，隔阂尽消。赞美还能帮助我们与他人加深感情。当你想要赞美一个人时，也许你一时之间想不起来他有什么优点，但是只要你认真地去想，你就会发现对方一个又一个的好处，从而由挖空心思的赞美，变成真心实意的赞美。这样的赞美，不但给予对方快乐，也让你拥有了发现美的眼睛。最重要的是，你们会在赞美声中越来越亲近，越来越欣赏彼此。合宜的赞美，能够帮助他人更加坚定信念，排除万难，实现最完美的自己。试想，当你得到他人的赞美时，你难道不觉得精神振奋吗？尤其是当给予你赞美的人在你心目中占据着重要地位时，例如学生得到老师的赞美，丈夫得到妻子的赞美，孩子得到父母的赞美……你一定会觉得更加兴奋，也更主动地积极奋进。曾经，美国社会学家经过多年的潜心研究，发现了一个让人自发改变自己，让自己变得更完美的好办法，即努力地赞美他人，那么他就会渐渐变成你所期望的样子。的确，当你得到他人的赞美，即使你暂时不符合这份赞美，你也会心甘情愿地努力，让自己渐渐名副其实。

娜娜和旭旭是大学同学，大学毕业后一起进入这家公司工作。也许是因为适应能力较差，旭旭在工作上的表现一直不尽如人意。眼看着实习期的终极考核就要到来，旭旭非常担心自己会被淘汰出局。她愁眉苦脸地对娜娜说："娜娜，我肯定会被淘汰的。"看着好朋友这么担忧的样子，娜娜脱口而出："不可能。你知道吗？昨天，我和主管吃午饭的时候遇到了，就聊了几句。她还夸你呢，说你非常认真，有责任心。只要假以时日，一定能够成为公司的栋梁之才。"听了娜娜的话，旭旭的眼睛瞬间有了神采，她问娜娜："真的吗，主管真的是这么夸我的吗？""那还有假。"娜娜斩钉截铁地说，"你要有信心。只要你认真努力，你肯定会留在公司的。当然，竞争的确很激烈，我想，我们都需要继续努力。"在娜娜的鼓励下，旭旭越来越有自信，在工作上的表现也更好了。一个月后，在实习期末的考核上，旭旭居然紧跟在娜娜的后面，她们一起通过了公司的考核！从此以后，旭旭成为娜娜最忠诚的好朋友，她们一起度过了工作中的每一个艰难时刻，全都成为了公司的栋梁之才！

这就是赞美的力量。聪明的娜娜，对旭旭说了一个善意的谎言。正是因为有了娜娜捏造的主管的赞美，旭旭才能扬起信心，勇敢地进行实习期的最后冲刺。朋友们，生活中你们是否也时常需要他人的鼓励，并且经常鼓励他人呢？！不管什么时候，我们都要坚强乐观，积极主动，这样才能善于利用赞美，来实现自己的目标。尤其是当你想要拥有更多的朋友，拥有更多的人脉时，就更要学会赞美他人。你要相信，你的赞美会让很多人都情不自禁地围绕在你的身边，成为你的超级粉丝。

心理课堂

赞美，让我们拥有一双发现美的眼睛。当你积极地赞美他人，你就会发现他人的确有许多值得我们学习的长处和优点。由此一来，你就不会再盲目地嫉妒他人，也不会一味地否定他人，反而会发自内心地欣赏他人，从而拥有更多的朋友。常言道，三人行，必有我师。每个人都有自己的优点和缺点，我们应该反思自身的缺点，发现自身的优点，这样才能在更多的情况下公平地对待他人，不再盲目地自高自大。

如果你想成为小宇宙的中心，如果你想变得越来越强大，那么就从此刻开始，努力调整自己的心态，让自己成为慧眼识人的伯乐吧！

换位思考，才能拥有好人缘

所谓换位思考，就是把自己放在他人的位置上，设身处地为他人着想。从某种意义上来说，诸多人际关系的维护都离不开换位思考。因为我们只有学会换位思考，才能体察他人的心理，理解他人的苦衷，从而真正地做到为他人着想，也谋求维护他人的利益。通常情况下，人们在思考问题时，往往本能地从自己的角度出发，这是因为人都是利己主义。这种思考问题的出发点，往往会局限我们的视野，使我们根本不可能更好地开拓思路。很多问题，都没有绝对的对错，只不过是每个人思考问题的角度不同，利益观点也不相同。换位思考则很好地解决了这个问题，它使我们在思考问题时，不但从自己的角度出发，也兼顾他人的利益，因而能够帮助我们理性地做出判断，高效地解决问题。

当然，换位思考说起来很简单，真正做起来却很难。尤其是要把换位思考作为一种习惯延续下来，则更是难上加难。要想培养自己换位思考的习惯，我们首先应该学会站在他人角度思考问题。这就要克服本能，不要总是一味地从自己的利益出发。其次，我们应该增强自己的体验，积累丰富的生活经验。常言道，不经历无以为经验。很多时候，我们只有亲身经历过，才能感同身受，理解他人的感触和做法。再次，无论什么事情，要想获得一致和统一，就必须很好地沟通。只有沟通，才能了解他人的苦衷，也才能体贴他人的想法。可以说，只要沟通真诚到位，一切误解都会消除，甚至还会获得意想不到的和谐效果。最后，换位思考也可以采取一些小小的计谋。例如，你想让对方换位思考，理解你的感受，但是对方偏偏不理睬你的感受，只是一味地自说自话，丝毫不顾及你的想法。那么，你完全可以采取一个小计谋，让对方跟着你的思路走。这个做法很有点儿小狡黠，不妨让我们一起来看看下面的事例吧！

有一天，妻子下班后，正在厨房里忙碌。这时，丈夫走进厨房，不停地在妻子身边说："油放得太多了！""火大了，鱼肉都快煎糊了！""是不是应该再放点儿糖呢？"妻子实在忍不住了，厌烦地说："好啦，你赶紧闭嘴吧，我知道如何炒菜！"这时，丈夫狡黠地笑了笑，说："当然，我知道你知道如何炒菜，就像我知道自己很会开车一样。不过，你总是在我开车时喋喋不休，这着实让我感到很苦恼。这下子，你应该知道我的感受了吧！"听到丈夫的回答，妻子嗔怪道："好啊，原来你这个家伙是故意的。那么，以后我不会在你开车时瞎唠叨了，你放心吧。不过，现在请你出去，到客厅喝杯茶，欣赏你的足球比赛，好吗？"丈夫笑着离开厨房，妻子也会意地笑了。

这个丈夫很聪明，他原本是想抗议妻子在他开车的时候总是唠叨，却没有采取直截了当的方法，而是用了这个委婉的方法。这么做的好处显而易见，如果丈夫直接说出来，妻子也许会表示极度不理解，而先让妻子体会到做自己轻车熟路的事情却被唠叨是很烦人的，丈夫再把自己的感受说出来，妻子很自然就能理解和体谅了。这样一来，不但让妻子对他感同身受，也有利于夫妻感情的和谐稳固。

再看看下面的寓言故事吧，不得不说，如果不能换位思考，还是不要安慰他人的好。一头奶牛和一只猪生活在一个圈里。有一天，主人想把猪拉出去杀了，猪不停地哀嚎，奶牛不耐烦地说："你怎么胆小如鼠啊，我每天都会被拉出去，也没像你这样声嘶力竭地叫喊啊！"猪说："你知道什么啊！你被拉出去，只需要挤出奶汁。我被拉出去，就是要命，再也回不来了！"

虽然只是一则寓言故事，却不难看出，当你想要劝说或者安慰他人时，弄清楚状况是必要的。只有这样，你才能更好地体谅对方的感受，也才能一语中的，不至于引起他人的反感。很多时候，处境不同的人很难彼此理解。我们唯有站在对方的立场思考问题，才能事半功倍，走进他人的心里，也才能真正地征服他人！

心理课堂

换位思考，不但是帮助他人的好办法，也是我们进行学习的好方法。很多时候，我们在换位思考的同时，都能增加生活的体验，也积累很多解决问题的方法。当你设身处地站在他人的角度思考问题时，你才会发现，自己原本义正言辞说出来的那些话，根本不适合他人的情况和处境。日久天长，渐渐养成换位思考的习惯，你身边的人自然会更加欣赏和喜欢你，也更愿意围绕在你的身边。这样的彼此理解和体谅，会让人与人之间多一分理解，少一分误解，多一分快乐，少一分委屈！

第15章

打造新型社交模式：利用新媒体提高自己的吸引力

现代社会，网络越来越发达，各种新型社交媒体层出不穷，让人们的生活半径无限扩大。千百年来，人们从步行，到骑马、车行，再到轮船、飞机和火车、动车、高铁，使得世界变得越来越小。如今，新媒体让人们足不出户就能通晓天下之事，网络的速度也使得人们在最短几秒钟的时间内，就能知道世界任何一个角落发生的事情。这种神奇的生活状态，如今已经成为常态。如果一个人不知道如何利用新媒体扩大自己的社交圈子，不懂得怎样使用新媒体提高自己的吸引力，那就OUT啦！

闪烁的小企鹅，让你尽享文字魅力

腾讯QQ，是比很多新媒体都早出现的。那个憨厚可爱的小企鹅形象，让远在天边的人们也能尽情地使用文字交流。后来，小企鹅还能用语音在线通话，这一切简直太方便了。不过，在早些年，并非每个人都能使用QQ聊天。归根结底，当时的网络还不够发达，很多地方并不能上网，也不是家家户户都有条件上网。因此，最早使用小企鹅的人显得那么时尚，似乎有了这只小企鹅，就拥有了一切。

随着网络的全面覆盖，越来越多的人参与到QQ聊天的队伍中来。其实，QQ聊天除了方便快捷之外，还有很多美妙的作用。例如，有些人用QQ聊天来训练自己的打字速度。的确，单纯地练习打字，显然是非常枯燥乏味的。聊天则不同，在网络连接的那一端，有个人正在用文字和你进行交流。你怎么也不好意思在别人发来好几段话之后，只是嗯啊几声。为了表示尊重，你只好竭尽全力地加快打字速度，以便能够与网友愉快地聊天。尤其是对于内向的人而言，文字显然具有非同寻常的魅力。同样一句话，也许说出来显得很生硬，但是默默的文字却有无穷的魅力。如果你是一个内向的人，往往不好意思用有声的语言直接表达自己，不妨借助于QQ吧。当你的交流对象看到闪烁的企鹅，首先就会在心底里柔软下来。这样一来，你便可以坦然从容地让小企鹅表达你的心声啦！

菁菁是一名师范院校的毕业生。大学毕业后，她先是回到家乡小县城的一所学校工作，后来因为觉得当老师太枯燥乏味，便不顾父母反对，辞掉工作，来到了大城市。当然，大城市的工作并非菁菁想象中那么精彩。人生地不熟的菁菁，住在昏暗潮湿的地下室里，眼看着带来的盘缠都快花完了，也没有找到合适的工作。最后，被逼无奈的她只好接受了朋友的介绍，成为了一名房地产经纪公司的置业顾问。其实，顾问只是一个好听的称呼，菁菁的工作就是每天带着形形色色的客户四处奔波，看各种各样的房子。这些客户的素质参差不齐，道德水准也有高有低。很多时候，菁菁委屈得特别想哭，有的时候也会被客户的真诚所感动。就这样，转眼之间，三个月过去了。菁菁的试用期到了，她还没有成功卖出去一套房子。在朋友的求情下，公司同意给菁菁延长一个月试用期。就这样，菁菁继续努力地奔波着。

一个偶然的机会，身为同行的朋友陪同菁菁一起带客户看房。回到公司之后，朋友毫不留情地对菁菁说："菁菁，你带客户看房时怎么一句话也不说呢！"菁菁很尴尬，说："可是，我不知道应该说什么呀，也不好意思催促客户。"朋友说："哎，看来你并不适合成为置业顾问，你见过哪个顾问不说话的呢！"菁菁回想起自己初来乍到时找工作的痛苦经历，说："你说，我用文字和客户聊，怎么样？客户看完房之后，我就用QQ和客户沟通，我觉得相比说，我更喜欢用写来表达自己。"朋友不置可否，说："不知道客户有没有这份耐心呢！"就这样，菁菁开始尝试着通过QQ用文字和客户聊天，出乎所有人的意料，她居然成功了。客户非常喜欢这样的沟通方式，说非常从容，就像是朋友。因为彼此都藏在电脑的屏幕后，所以除了房子之外，也会聊一些其他的话题，气氛和谐而融洽。

半个月之后，通过QQ聊天，客户完全信任菁菁，非常愉快地在菁菁手里买到了中意的房子。菁菁呢，原本不爱说话是她的短处，如今却被她经营成长处。要知道，很多同事即使想用文字和客户聊天，也不会表达呢！每当遇到不好意思直接说的事情，他们还会央求菁菁为他们打草稿，再给客户发信息。

在这个事例中，菁菁很好地利用了QQ，增强了自己的吸引力。文字是非常有魅力的，良好的文字表达，能够给人留下很大的想象空间，也使得一些棘手的事情有了回旋的余地。现实生活中，即使你的工作性质与菁菁完全不同，也可以审时度势地使用QQ，与朋友、同事，甚至是父亲、母亲、师长等聊天。相信，你们的交流一定是和谐而又愉快的！

心理课堂

文字，向来富有魅力。如果你是一个不善言谈的人，那么千万不要气馁，而应该扬长避短，以文字给予自己更多的思考空间，给予自己组织语言的时间，然后再从容不迫地把自己的所思所想发给屏幕那端的人。QQ是一种比较早出现的新媒体，时至今日，依然有很多人对QQ情有独钟，愿意用QQ作为社交手段。你，也不要OUT哦！

微博，你的网络面孔

什么是微博呢？顾名思义，微博就是微型博客的简称。作为一种博客，微博主要是通过关注来分享自己的信息传播。每个人都可以建立自己的微博，只要你有这样的想法，并且将其付诸行动，你很快就会拥有自己的微博。微博就像是一个小型网站，只不过，它没有庞杂的信息，而只是你发布个人信息的平台之一。早起的时候，微博的发布不得低于140个字。后来，2015年1月，微博放开字数限制，2000字以内都可以。微博的关注分为单向关注和双向关注。所谓单向关注，即你关注别人，别人却不关注你。双向关注，就是彼此关注，你关注别人，别人也在关注着你。显而易见，关系密切的人之间往往是双向关注，而诸如粉丝对歌星，则通常是单向关注。

作为交流和分享平台，微博的信息更新很快，几乎是随时随地的。微博的内容往往无须精心选择和梳理，很多人会随意在上面发布自己的心情等等。微博，就是要表达自己的最新动态和最新思想。相比之下，曾经风靡一时的博客则灵活性减弱，更侧重于精心挑选的内容或者是精心雕琢的文章。

知道微博历史的人一定清楚，美国twitter是最早的微博，名声显赫。直到美国twitter在国外发展得如火如荼，国内相关行业的有些领袖人物才动了心思。作为最早出现的新媒体，腾讯也在2007年推出了腾讯滔滔，这就是腾讯旗下的微博产品。为什么微博的出现如此迎合大众的需求呢？主要是因为现代社会从校内网起家的王兴在2006年把企业卖给千橡互动后，于2007年5月创建了中国第一家带有微博色彩的社交网络饭否网，而腾讯作为一个拥有4.1亿QQ用户的企业，看着用户对随时随地发布自己状态的强烈需求后，也忍不住尝试了一把，2007年8月13日腾讯滔滔上线。然而，只坚持了两年，腾讯滔滔就下线了。与此同时，微博产业又涌入了大量的生力军，大有长江后浪推前浪的势头。在2009年，微博作为在世界范围内都享有极高知名度的词汇，甚至比甲流、奥巴马等词语，更加吸引网民侧目。作为一种新的话语传播方式，无数草根平民因为在微博上的只言数语，一夜成名。时至今日，微博的力量依然非常强大。看看那些明星们吧，几乎每个人都有微博账户，他们动辄有几十万甚至上百万的粉丝，随时在关注他们的动态。因此，很多明星和其经纪团队，都把微博作为公关的重要阵地，一时一刻也不敢懈怠。

小雅非常喜欢单位的一个男同事，然而，她很爱面子，又很羞涩，根本不敢表白。思来想去，小雅决定采取迂回曲折的方式。在得知男同事有微博之后，她也开通了微博，并且与男同事互相关注。同事之间互相关注是很正常的事情，起初，这个男孩并没有意识到小雅喜欢他。不过，小雅几乎每天都会在微博上更新心情，表达对一些时事的看法。她是那么积极乐观，渐渐地，男孩居然开始关注小雅。有的时候，小雅如果没有更新微博，他还会问小雅怎么了，是否身体不舒服。

小雅暗暗窃喜，知道自己已经博得了真正的关注。因此，她更加用心经营微博，直到有一天，她在微博上发了一张正在输液的手的照片。果不其然，男孩几乎在第一时间就打电话对小雅嘘寒问暖，还细心地熬了粥，送到医院输液室，给小雅吃。小雅感觉幸福极了。

小雅很聪明，在得知心仪的男同事喜欢玩微博之后，她马上灵机一动，想出了好办法。这个方法显然效果显著，因为很快男孩就喜欢上了小雅，还情不自禁地帮助小雅。这就是爱情的魔力。虽然现代社会提倡自由恋爱，但是我们却要学会在恋爱中推销自己。只有把自己展示出来，你才能赢得优秀男孩无所顾忌的追求和喜爱。

从现在开始，如果你没有任何新媒体，那么就赶快改变自己吧！毕竟，作为现代社会的新成员，你必须与时俱进，才能收获满满啊！

心理课堂

我们除了拥有现实社会，还拥有虚拟世界，即网络平台。如果你在现实中是一个非常腼腆而又温顺的人，不如打造自己在网络上的另一张面孔吧。不管是寻找人生伴侣，还是寻找合适的工作，你都应该通过新媒体扩大自己的影响力，提高自己的知名度。要知道，世上千里马常有，伯乐不常有。既然你苦苦等不到伯乐，为何不主动出击，寻找伯乐呢！即便是金子总会发光的，我们也要争取机会，尽量早日发光，为世界增光添彩，注入温暖！

微信，随时随地的畅快沟通

在QQ风靡这么多年之后，腾讯公司于2010年开始研发一个新型的聊天系统，即微信，并且于2011年1月21日正式推出。微信是免费的聊天系统，只需要消耗很少的网络流量，人们就可以通过手机随时随地地通过微信保持联系。和昂贵的电话费相比，微信显然是经济实惠的。比电话通讯更好的，微信还可以免费发送图片、文件等。这与昂贵的彩信费用相比，简直就是天上掉馅饼的好事啊！其实，微信的好处远远不止于此。微信还有强大的娱乐功能，诸如朋友圈、摇一摇等。微信自从推出以来，以迅雷不及掩耳之势，在短短四年时间里，就覆盖了中国百分之九十以上的智能手机。这就意味着，每十个拿着智能手机的人群中，就有九个人在使用微信。在手机如此高度普及的今天，这是一个怎样惊人的数字啊！

除此之外，微信还开通了支付功能，改变了人们的生活模式。在此，不得不提的是微信强大的朋友圈。所谓朋友圈，就是说只要被加为好友，既能够彼此看到对方的动态。当你朋友圈里的人越来越多时，你的朋友圈就变成了一个影响力超强的平台。很多做销售的人都想法设法地把客户或者潜在客户拉入自己的朋友圈，然后再每天发送一些相关的信息，最终以专业的知识和敬业的态度博得客户的认可，顺利把潜在客户变成准客户，直至最终成交。在朋友圈几乎每个人都耳熟能详的时刻，微商也异军突起。所谓微商，就是在微信朋友圈里发布自己的商品信息，出售商品。由此可见，微信能够很大程度上提升你的吸引力，让你身边聚集很多志同道合或者有需求的人们。在面对这些新媒体时，我们一定要头脑灵活，以最快的速度发现其中的商机。要知道，处处留心皆学问。只要你勤学好问，勤于思考，就总能学到很多有用的知识。

李鹏是一家培训学校的老师，主要负责和家长的对接工作，拓展生源。刚刚毕业的李鹏，并不认识多少有孩子的家长，因此，他的业务拓展速度非常之慢。眼看着和自己一起进公司的马姐已经找到了好几个培训的学生，并且成功签约，李鹏急坏了。

一个偶然的机会，李鹏和同事在放学时间来到一所学校附近发放宣传页。突然之间，李鹏灵机一动，拿出手机，打开微信，摇了起来。原来，摇一摇的功能很容易摇到附近的人，据说距离越近，摇到的概率就越大。看着眼前这些等着接孩子的家长们，李鹏似乎看到了自己光辉的前程。果然，他摇了几次之后，就摇到了一个正在等着接孩子的家长。李鹏知道不能急功近利，因而始终耐心地跟这位家长聊天。他相信，只要这位家长认可他所在的培训机构和他的服务，就一定会给他带来很多同班甚至同年级的学生家长。

经过一个多月的维护，这位家长高兴地成为了李鹏的签约客户，每个周末都带着孩子参加培训班。后来，他还给李鹏介绍了好几个孩子呢！同事们知道李鹏的成功经历后，都称呼他为“摇一摇先生”。

摇一摇，原本是微信系统推出的社交手段，即通过摇晃手机的方式，认识附近恰好也在同一时间摇晃手机的人。如此大的偶然性，其中又蕴含着让人说不清道不明的必然结果，显得非常浪漫。也因此，有很多喜欢玩微信的朋友，都会使用这项功能。尤其是当大家都孤身一人在陌生的大城市打拼时，这样的结识方式，显得轻松自然。

朋友们，你们是否也曾使用过摇一摇功能呢？如果你也是微信的忠诚粉丝，你是否也拥有强大的朋友圈呢？！从现在开始，用心经营自己的人脉吧，你一定会有惊喜的发现！

心理课堂

微信正在帮助人们打造一种全新模式的智慧生活。如今，人们出门不再需要带那么多张卡，也无须带很多现金，也许只需要带着一部智能手机就足够了。在微信的功能越来越强大的今天，如果你的手机还是非智能机，你从未注册过微信，但是你又急于增强自己的吸引力，让新媒体为自己的生活加一把力。那么，你不如开通微信吧！当你熟悉微信的各种功能时，就会发现微信真的太便利了。当然，任何时候都不要让手机绑架自己，看看大城市早晚高峰等地铁的汹涌人潮中几乎无人不低头的情形，也的确是很可怕的。我们应该成为手机和新媒体的主人，而切勿被它们奴役。

论坛，也是你自我推广的阵地

和各种新媒体相比，论坛更像是一块传统的阵地。只不过，前些年因为上网要受到局限，远远不如现在拿着手机随时随地上网方便，所以论坛的力量显得没有那么强大。现在则完全不同，整个社会已经步入网络时代，除了六十岁左右不识字的老年人之外，即使小学生也能够上网查找自己需要的资料了。在这样的时代背景下，知名论坛拥有了超乎人们想象的力量。

在北京回龙观社区，有一个著名的社区网站。网站的发起人最初只是想为邻居们打造一块可以自由聊天和发表言论的地方，因为距离上地和中关村都不远的回龙观，汇聚着很多高科技人才。然而，在经过十几年的发展之后，如今的回龙观社区网更像是一个大家庭。在这里，邻居们针砭时弊，纵情调侃。虽然偶然有不和谐的音符响起，但是这并不影响邻里之间继续相亲相爱，相互帮助。曾经，在回龙观社区网上发生过很多让人感动的事情。当龙博小区的一个孩子患了白血病，整个社区居民的心都被牵动了。有热心的人在社区网上发起捐款倡议，很快，社区网就有诸多人响应，并且慷慨地伸出援手。曾经，希望旅程的发起人塔夫林也居住在回龙观社区。他每年都会在社区网上公布捐献旧衣物的时间和地点，居民们便家家户户大整理，拿出不穿的、新旧不等的衣服，洗干净、消毒，然后送到老塔的指定地点，交给那些热心的志愿者们。很多志愿者都是回龙观居民，他们利用休息时间，帮助整理这些募捐来的衣服，打包，再跟随车辆送到大西北，送给那些需要的人们。可以说，在社区网成长的这些年里，无数的人因为这个网站得到温暖，得到关爱。

当然，社区网偶尔也会有不和谐的时候。当邻居们针对一件事情有不同的看法，每一个都会热心参与讨论，甚至争得面红耳赤，但是大家都对事不对人。毕竟，每个人都是虚拟地存在于社区网，大家彼此之间很少有利益的牵扯，因而也更加和谐友爱。在这样已经形成一定规模和深远影响力的社区网中，很多人开始推广自己。历年来，社区网中时常活跃着几个ID，他们或者是想拓展人脉，积累资源，等到条件成熟就开店，或者做自己的事业。这种方式无可指责，而且完全算得上聪明睿智。朋友们，如果你们也缺乏渠道推广自己，不如寻找合适的论坛，耐心经营。相信，你终有一天能够在合宜的论坛中拥有自己的一席之地。

网络上，有形形色色的论坛。诸如，每个正规小区在各大网站上都会有业主论坛。当需要维权时，如果能够在这样的论坛里一呼百应，则能成为当仁不让的维权带头人。再如，汽车销售人员可以进入相应车型或者品牌的论坛，说不定能找到很多潜在的客户呢！如果你是一名家教公司的经营者，那么不如多多关注家长的论坛。归根结底，家长们都是非常关注孩子的学习情况的，只要你能证明自己的能力和实力，就一定会让大家认可你们，接受你们。类似的论坛实在太多了，简直不胜枚举。你需要做的就是，找到符合你需要的论坛，然后一头扎进去，苦心经营。当然，如果你的能力足够，你也可以自己创建一个论坛。现代社会，任何成功都离不开人脉资源。当你拥有更多的人脉，你离成功也就不远了。

常言道，只要功夫深，铁杵磨成针。在现实生活中，只要你用心，肯钻营，就一定能找到属于自己的那片天地！

心理课堂

要想进行论坛营销，首先要让自己在论坛中赚足眼球，拥有吸引力。那么，有哪些方式可以吸引眼球呢？你可以发一些能够让人热烈讨论的话题，诸如社会热点新闻等等。当然，你也可以发一些家长里短的事情，不过一定要起个吸引人的标题，例如“结婚三天，我就放火烧了婆家”。看到这样的标题，难道你能忍住自己点开帖子的欲望吗？当你持之以恒地发帖，你就会发现，你的人气越来越高。其次，在赚足人气之后，再以大众能够接受的方式推销你自己或者你的产品。这样一来，你自然能够如愿以偿。

“群”的力量，帮你汇聚超强人气

不管是微信，还是QQ，都有“群”。那么，何谓“群”呢？所谓“群”，就是很多虚拟的账户汇聚在一起，就像现实生活中很多人汇聚一堂，大家彼此之间敞开心怀，畅所欲言。当群里的人数越来越多，作为群主或者是活跃分子，说话时往往一呼百应。如此一来，吸引力和影响力自然不可估量。

如今，很多商家在营销和推广时，都会借助于群的力量。也许有人会说，这样不会导致大量的人聚集在一起，万一有人煽风点火，大家就会倒戈，一起讨伐商家吗？一般情况下，只要商家不做出引起公愤的事情，这样的情况是不会发生的。归根结底，现代社会的人们接触的信息越来越多，人们彼此之间也更加冷漠。在利益一致的情况下，人们会结成同盟。一旦利益发生冲突，只能大难临头各自保命了。此外，建群的人也会注意群里的动向，时刻起到引导的作用，以防群成员同仇敌忾。

80是一个购物群的群主。每天，她都会辛苦地整理好优惠信息，发到群里。这些优惠信息几乎涵盖了生活的各个方面。有的时候，为了让群成员买到更优惠的物品，80还会和商家协商，发放一定数量的优惠券。就这样，以女性为主力的80败家群，每天都会完成很多笔交易。渐渐地，80的群越来越多，从一个，到两个、三个……如今，80拥有二十多个购物群，每个群里都有五百人。如此一来，80无形之中就在左右着一万多人的日常消费。日久天长，80购物群的影响力越来越大。

为了在购物群里形成绝对的权威，80每天都非常辛苦地工作，整理商品的优惠信息。为了博得群成员的信任，她还会提前根据商家介绍和评论，考察商品的质量。就这样，每一位群成员都非常信任80，常常跟随着80的脚步购物。后来，有商家知道这个购物群后，就和80谈论推广事宜。精明的商家知道，与其花费大量金钱用于漫无目的的广告，不如让80有针对性地在购物群展开推广。经过精耕细作，80的付出终于有了丰厚的回报。

成为一万多人心目中的偶像和购物导向，80的吸引力和影响力不容小觑。80苦心经营的是帮助自己打造吸引力，而商家看重她的恰恰是她在一万多名粉丝心目中的影响力。当群里的大多数成员都毫不犹豫地说："只要80说好，咱们需要，咱就买！"这就是信任的力量。其实，不仅仅80可以用心经营这些群，虽然我们并不打算和80经营相同的事业，但是我们同样可以以"群"的力量锻造自己在他人心目中的形象。这就如同当众演讲，当你在群里一呼百应时，即使脱离虚拟的群，你也一定拥有忠心耿耿的粉丝。

群的力量，不容小觑。群的力量，只要你想拥有，你也可以拥有。从现在开始，也开始着手打造属于自己的群吧！相信自己，你能行！

心理课堂

即使不曾拥有二十多个群，每个群里都有满满的五百名成员，你也可以建造一个群，哪怕其中只有几个人。苦心经营，你的粉丝一定会越来越多。当你拥有更大规模的群，也就意味着你的吸引力和影响力成倍增长。如果你是销售行业的人才，那么超强的群一定会给你带来莫大的收益。首先，人气就是资源。只有拥有人气，你才拥有资源。其次，如果你群里的人都对你非常信任，那么你则距离一呼百应不远了。当然，需要注意的是，不管群里的人多么信任你，都不要不负责任地向他们推销。任何事情，都必须以诚信为基本原则，才能谋求长远发展。从现在开始，相信自己吧，你一定能行！

参考文献

[1] 克鲁泽.能量：吸引力法则的秘密[M]. 张秀旭，译. 哈尔滨：哈尔滨出版社，2013.

[2] 罗伯特贝恩.吸引力：赢得内心强大的法则[M]. 文天行，译. 北京：中国华侨出版社，2013.